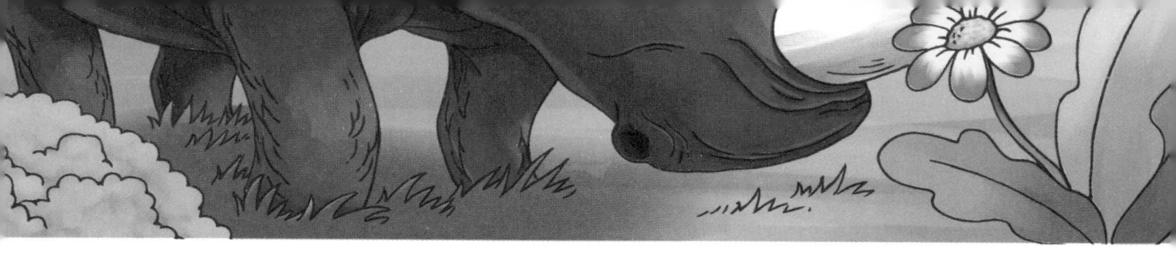

奇妙的动植物世界

生物百科

那些濒临灭绝的动物

王　健 编著

中州古籍出版社

图书在版编目(CIP)数据

那些濒临灭绝的动物 / 王健编著. — 郑州 : 中州古籍出版社, 2016.2
ISBN 978-7-5348-5953-3

Ⅰ. ①那… Ⅱ. ①王… Ⅲ. ①濒危动物–普及读物 Ⅳ. ①Q111.7-49

中国版本图书馆 CIP 数据核字(2016)第 039981 号

策划编辑：吴 浩
责任编辑：翟 楠 唐志辉
装帧设计：严 潇
图片提供：fotolia
出版社：中州古籍出版社
(地址：郑州市经五路 66 号 电话：0371—65788808 65788179
邮政编码：450002)
发行单位：新华书店
承印单位：河北鹏润印刷有限公司
开本：710mm×1000mm 1/16
印张：8 字数：99 千字
版次：2016 年 5 月第 1 版 印次：2017 年 7 月第 2 次印刷

定价：27.00 元

前言 PREFACE

广袤太空，神秘莫测；大千世界，无奇不有；人类历史，纷繁复杂；个体生命，奥妙无穷。我们所生活的地球是一个灿烂的生物世界。小到显微镜下才能看到的微生物，大到遨游于碧海的巨鲸，它们都过着丰富多彩的生活，展示了引人入胜的生命图景。

生物又称生命体、有机体，是有生命的个体。生物最重要和最基本的特征是能够进行新陈代谢及遗传。生物不仅能够进行合成代谢与分解代谢这两个相反的过程，而且可以进行繁殖，这是生命现象的基础所在。自然界是由生物和非生物的物质和能量组成的。无生命的物质和能量叫做非生物，而是否有新陈代谢是生物与非生物最本质的区别。地球上的植物约有50多万种，动物约有150多万种。多种多样的生物不仅维持了自然界的持续发展，而且构成了人类赖以生存和发展的基本条件。但是，现存的动植物种类与数量急剧减少，只有历史峰值的十分之一左右。这迫切需要我们行动起来，竭尽所能保护现有的生物物种，使我们的共同家园更美好。

本书以新颖的版式设计、图文并茂的编排形式和流畅有趣的语言叙述，全方位、多角度地探究了多领域的生物，使青少年体验到不一样的阅读感受和揭秘快感，为青少年展示出更广阔的认知视野和想象空间，满足其探求真相的好奇心，使其在获得宝贵知识的同时享受到愉悦的精神体验。

生命正是经过不断演化、繁衍、灭绝与复苏的循环，才形成了今天这样千姿百态、繁花似锦的生物界。人的生命和大自然息息相关，就让我们随着这套书走进多姿多彩的大自然，了解各种生物的奥秘，从而踏上探索生物的旅程吧！

目 录 CONTENTS

第一章
弥足珍贵的国宝：大熊猫

大熊猫是一种活泼可爱的珍贵动物。黑白相间的皮毛非常独特，圆圆的脸上嵌着一对大大的黑色眼圈和一双闪闪发光的小眼睛。头顶上有着两只黑茸茸的耳朵，四肢黑乎乎的，尾巴大而短小，身体圆圆的、胖乎乎的，样子憨态可掬。大熊猫被誉为中国的国宝。很久以前，大熊猫在中国是一种很普通的动物。然而，由于种种原因，大熊猫大量死亡，数量急剧下降。

憨态可掬的大熊猫

大熊猫生活在森林茂盛、箭竹丰富的高山峡谷之中。大熊猫虽然天生是近视眼，什么都看不清，但却能靠灵敏的听觉和嗅觉寻找食物。在冰雪覆盖的冬天，大熊猫却不冬眠。由于找不到食物，它们就会爬上树摘野果子，或到小河里抓鱼吃。在夏日的竹林里，它们拽断竹子，挑选最嫩的竹叶，坐在地上大口大口津津有味地吃起

来。它们还会用锋利宽厚的爪子刨竹笋吃。休息的时候，它们喜欢靠在粗壮的树干上，或躺在茂密的草丛中睡觉。

大熊猫，一般称作熊猫，是世界上最珍贵的动物之一，数量十分稀少，属于中国的一级保护动物，被誉为中国的国宝。大熊猫是中国特有的物种，主要栖息地在四川、陕西等周边山区。2004年全世界野生大熊猫数量约为1590只。

大熊猫的种属是一个争论了一个世纪的问题，将它列为熊科、大熊猫亚科的分类方法，逐步得到国内外各界人士的认可。另外，国内传统分类方法将大熊猫单列为大熊猫科，它代表了熊科的早期分支。

大熊猫的祖先

化石显示，大熊猫的祖先出现在二三百万年前的洪积纪早期。距今几十万年前是大熊猫的极盛时期，它属于剑齿象古生物群，栖息地曾覆盖中国东部和南部大部分地区，北达北京，南至缅甸南部和越南北部。

大熊猫化石通常发现于海拔500～700米的温带或亚热带森林

中。后来同期的动物相继灭绝，大熊猫却孑遗至今，并保持原有的古老特征，所以有很大的科学研究价值，因而被誉为“动物活化石”。

大熊猫栖息地的巨大变化是近代才发生的。近几百年来，中国人口的激增占用了大量的土地，大熊猫原有的很多栖息地都消失了。以前，大熊猫曾经生活的低山河谷，现在多数成了居民点。

目前，我国政府已采取一系列有效措施，以便更好地保护这一濒临灭绝的“活化石”。大熊猫的存亡早已为世人所关注，为保护和繁殖大熊猫，今后还需要继续寻找适宜的栖息地，给大熊猫们一个良好的生活环境，使大熊猫这一珍稀物种得以延续。

大熊猫的命名

法国巴黎国家博物馆曾展出一张兽皮，当时谁也不认识大熊猫，人们从兽皮上看到它有一张圆圆的大白脸，眼睛四周有两圈深深的黑斑，像是戴着一副墨镜，于是有人断定世界上根本没有这种动物，这张动物皮是假的；还有人说它只不过是一种奇异的熊罢了。但是经博物馆主任米勒·爱德华兹仔细研究后认为，它既不是熊，也不是猫，而是与在中国西藏发现的小猫熊相似的另一种较大的猫熊，便正式给它定名为“大猫熊”。

1939年，重庆举办了一次动物标本展览，其中“猫熊”标本最吸引观众注意。它的标牌采用了流行的国际书写格式，分别注明中文和拉丁文。但由于当时中文的习惯读法是从右往左读，所以参观者一律把“猫熊”读成了

“熊猫”，久而久之人们就约定俗成地把“大猫熊”叫成了“大熊猫”。台湾有家报纸曾撰文给“熊猫”正名，但人们已经习惯，反而觉得“猫熊”不那么顺口了。

从此，“大熊猫”这个现代名称就这样延续了下来。

轰动世界的发现

大熊猫的发现在西方引起轰动，一批又一批西方探险家、游猎家和博物馆标本采集者来到大熊猫产区，试图揭开大熊猫之谜并猎获这种珍奇的动物，其中包括美国总统罗斯福的两个儿子西奥多·罗斯福、克米特·罗斯福。兄弟俩先是到发现大熊猫的四川省宝兴县，结果一无所获，然后又进入大凉山。在四川省越西县，他们开枪打死了一只大熊猫，并做成标本带回了美国。以后又有德国、英国等国的探险家猎获大熊猫，从中国猎人手中收购的就更多了。一时间，不少西方国家的博物馆里都有了大熊猫的标本。但他们始终没能捕获一只活的大熊猫。

在外国人首次发现大熊猫的67年之

后，捕获活大熊猫的梦想终于被一名顽强的美国女人实现了。1936年，35岁的纽约女服装设计师露丝·哈克利斯新婚，丈夫威廉·哈克利斯是一名狂热的探险家，结婚后两周就奔赴中国寻找大熊猫，然而他还未到达大熊猫生长区域便病死在上海。露丝当初要求和丈夫同行，被丈夫认为是累赘而遭到拒绝，于是她决心完成丈夫的遗志，在丈夫去世两个月后的1936年4月启程前往中国捕获活大熊猫。露丝的探险队仅有两个人——她和25岁的美籍华人杨廷昆。

杨廷昆的哥哥曾经参加过罗斯福儿子的中国探险队。他们从上海乘坐小木船逆水而上到达四川成都，然后进入四川省汶川县，在深山老林里寻觅大熊猫的踪迹，设置猎捕的陷阱。11月9日，当他们来到一片被大雪覆盖的竹林时（专家考证为汶川县草坡乡），听到从一个枯树洞里传出类似婴儿啼哭的声音。当杨廷昆从树洞里捉出一只毛茸茸的小动物，并递到已经冻得麻木的露丝怀里时，她简直难以相信，这就是西方人半个多世纪以来梦寐以求的大熊猫活体。露丝以为这只不到1.4千克的小家伙是雌性（后来证明是雄性），便用杨廷昆妻子的名字给它取名“苏琳”。幸运的露丝知道她得到的东西是何等的宝贵，带着苏琳迅速返回成都，随即乘飞机到上海，但在出境时遇到了麻烦。

尽管西方人已寻找大熊猫半个多世纪，并且知道它是濒临灭

绝的珍稀动物，但直到那时，中国人对大熊猫的了解还几乎为零。猎人可以任意捕猎这种“熊”，政府也没有任何保护的规定和措施。露丝的麻烦并不在于她捕获了大熊猫，而是进入中国内地的手续不全，因此不能离境。最后她采取行贿的办法登上了驶往美国的轮船，她把苏琳装在一个大柳条筐里，在海关登记表上写上“随身携带哈巴狗一只”便混出了海关。

露丝带着苏琳尚在太平洋上航行，越洋电报早已把消息传遍了美国。轮船在旧金山码头靠岸时，正是圣诞节前一天，惊喜万分的美国人在码头上举行了盛大的欢迎仪式，他们为珍贵的客人安排了最豪华的套房，举办了隆重的欢迎晚会。

苏琳被送到许多大城市展出，所到之处无不引起轰动。曾经为寻找大熊猫到过中国的西奥多见到苏琳时，十分动情地说：“如果把这个小家伙当作我枪下的纪念品，我宁愿用我的儿子来代替。”

经过激烈的竞争，芝加哥布鲁克菲尔德动物园得到了苏琳。人们像潮水似的涌向这里，最多时一天达4万人，超过了该动物园已往的最高纪录。苏琳的一举一动都成为报纸的新闻，商人们争先恐后地赶制大熊猫形象的产品，时髦女郎身着大熊猫图案的泳装招摇过市，甚至一种鸡尾酒也以大熊猫来命名。露丝和苏琳的故事被编成畅销书，并搬上了银幕。

不幸的是苏琳只活了一年，后被做成标本永久陈列。

苏琳的出现，使大熊猫从博物馆走进民众中。它不仅珍稀，而且十分可爱，一时间成为全世界的动物明星。各西方大国竞相到中国捕捉大熊猫。1936~1941年，仅美国就从中国弄走了9只大熊猫，成都的教会学校华西大学在其中“帮了大忙”。在大熊猫产区待了20年、有“熊猫王”之称的英国人丹吉尔·史密斯在1936~1938年，就收购了9只活的大熊猫，并把其中6只带到了英国。

第二次世界大战期间，伦敦动物园的大熊猫明在德国飞机的轰炸下表现镇定，玩耍自如，成为伦敦市民心目中的战时英雄。在战争最严酷的时候，报纸仍然在报道明的生活。明1944年年底去世，《泰晤士报》刊登的讣告称：“它可以死而无憾，因为它给千百人带来了快乐。”第二次世界大战结束后的1945年12月，英国人又通过外交途径，组织了一支200多人的队伍，到四川省汶川县进行大搜捕，终于捕获到一只大熊猫并运往英国。

像中国的许多事物一样，大熊猫在国外大出风头以后，在中国的地位迅速攀升。从20世纪40年代开始，政府开始限制外国人针对大熊猫的捕猎活动。也许正因为如此，大熊猫才得以幸存。

大熊猫的起居生活

大熊猫主要以高山、亚高山上的50种竹类为食，偶尔食用其他植物，甚至动物的尸体，属于杂食性动物。同时它也非常喜欢吃苹果，日食量很大，嗜爱饮水，每天至少饮水一次。多数大熊猫的家园都设在溪涧流水附近，这样方便它们畅饮清泉。到了冬季，当高山流水被冰冻结以后，有的大熊猫不惜长途跋涉，沿沟而下，到谷中去饮水，然后返回家园。大熊猫取水总是求近舍远，日复一日地

走出一条明显的饮水路径。它们到了溪边，以舔吸的方式饮水，若溪水结薄冰或被沙砾填没，则用前掌将冰击碎或用爪挖一个浅坑舔吸。

大熊猫的生存环境

大熊猫栖息于长江上游各山系的高山深谷。这些高山深谷为东南季风的迎风面，气候温凉潮湿，湿度常在80%以上，故大熊猫是一种喜湿性动物。它们活动的区域多在坳沟、山腹洼地、河谷阶地等，一般在缓坡地形。这些地方土质非常肥沃，森林茂盛，箭竹生长良好，构成一个气温相对较为稳定、隐蔽条件良好、食物资源和水源都很丰富的优良食物基地。它们生活的高山竹林通常在海拔1200～3500米；不仅湿度很大，而且温差也较大。

除发情期外，大熊猫常过着独栖生活，昼夜兼行。巢域面积为3.9～6.4平方千米不定，雄性个体之间巢域有重叠现象，雄性的巢域略大于雌性。雌性大多数时间仅活动于0.3～0.4平方千米的巢域内，雌性间的巢域不重叠。

爱吃竹子的大熊猫

大熊猫的食谱非常特殊，几乎包括在高山地区可以找到的各种竹子，偶尔也食肉（通常是动物的尸体，有时也吃竹鼠）。大熊猫独特的食物特性使它被当地人称作“竹熊”。竹子缺乏营养，只能提供生存所需的基本营养，大熊猫逐步进化出了适应这一食谱的特性。

在野外，除睡眠或短距离活动外，大熊猫每天取食的时间长达14小时。一只大熊猫每天进食12～38千克，接近其体重的40%。大熊猫喜欢吃竹子最有营养、含纤维素最少的部分，即嫩茎、嫩芽和竹笋。大熊猫的栖息地通常有至少两种竹子。当一种竹子开花死亡时（竹子每30～120年会周期性开花死亡），大熊猫可以转而取食其他的竹子。但是栖息地陆续遭到破坏的状态增加了只有一种竹子的可能，当这种竹子死亡时，这一地区的大熊猫便面临饥饿的威胁。

大熊猫的危难时期

1974~1976年，是大熊猫生活史中的饥饿年代。成都动物园派出兽医专家张安居参加国家林业部的调查队，到平武、青川唐家河、北川小寨子沟调查灾情。调查队员们踩着没膝深的积雪，看见一片片枯黄发黑的竹林，如烧伤的肌肤。最为惊心动魄的是，不断发现熊猫尸体——有的已经腐烂不堪，有的已被豺狼撕碎，有的母子紧抱已长眠于雪谷。还有一只不到半岁的熊猫宝宝，离妈妈仅一步之遥，但它再也没法吮吸到妈妈的乳汁了，妈妈的生命冻结于回眸一望的瞬间，而小宝宝最后的啼饥号寒之声也被风雪声吞没了。

森林默哀，山风低泣，倔强的汉子们都流泪了。

一个苦涩的数字和着热泪一齐咽下——138只熊猫陈尸山林！

张安居连续解剖了13只熊猫的尸体，都是胃腔空无一物，肠子透明发亮，可见其饥饿到何等程度。

与此同时，各地不断将病饿大熊猫送到成都动物园抢救，最多时达到40多只。那时，成都动物园刚从百花潭搬迁到佛教大庙昭觉寺，一切都没有理顺，熊猫的笼子挤向了熊山，挤向了猩猩馆，甚至挤向了寺庙的大殿，挤得菩萨们也不得安身。

没有一只熊猫不是皮包骨，有的虚弱得连啃食物的力气都没有了。没有一只熊猫体内不生蛔虫，有一只熊猫体内竟有3000多条蛔虫！

爱心与使命感数次战胜了纠缠大熊猫的死神，送到成都动物园的大熊猫90%获救。

1983年夏季，岷山和邛崃山系的高山箭竹大面积开花枯萎，500多只大熊猫再次大祸临头。

与几年前不同的是，中国结束了“文化大革命”，国门敞开，大熊猫受灾的消息很快传遍全世界。

有一首歌深情地讲述了箭竹开花，熊猫在挨饿，唤起了无数人的同情心，盛大的募捐活动迅速在世界各地展开。

成都动物园再次成为大熊猫的医疗与救助中心。动物园的老主任何光昕回忆说，他们没日没夜地抢救病饿大熊猫。一只从天全县送来的，后来被起名为“全全”的大熊猫，因觅食从高崖上摔落下来，头皮裂开，缝了11针，全靠一勺勺地给它喂流质食物维持生命。后来，它终于能动弹了，能站立了，能走路了，成为最喜欢与人亲近的熊猫，它牢记着人类的恩情。但是，由于野外的生态环境尚未恢复，康复的大熊猫不能放归山林。于是，迁地保护的战略思路开始形成。

所谓迁地保护，有个举世闻名的成功典范——中国麋鹿19世纪“流亡”英国，由于得到很好的迁地保护，竟在德国飞机轰炸与第二次世界大战的动荡中繁衍生息。到20世纪80年代，在中国早已绝种的野生麋鹿从英国又回到了故土。

1986年春节，成都市园林局局长张安居与建设部的司长郑淑玲、省林业厅处长胡铁卿等人相会八角亭，商量建立基地。有两盏灯在大家心中亮着：基地的定位，不仅是饲养场，更应该是探索大熊猫奥秘的科研机构和向广大群众普及科学知识的大课堂；基地修建在成都，不仅属于成都市园林局，更属于中国。最后，大家敲定了这个日后名扬四海的名字——成都大熊猫繁育研究基地。

大熊猫繁育基地

早在20世纪80年代初，北京动物园一专家曾断言，在人工条件下繁殖大熊猫难。他所说的难，指的是受精难、怀孕难、育幼难。1990年，是成都大熊猫繁育研究基地解决“育幼难”的突破之年。

从野外送到成都抢救的几十只大熊猫康复后，大部分被分别送回它们的原生地，部分调往北京、上海、福州等地的动物园，成都动物园留下了6只，成为基地大熊猫的“老祖宗”。

动物园的老主任李光汉说，在1990年以前，人工繁殖成活率只有33%。究其主要原因是大熊猫妈妈生下双胞胎之后，通常只养一只，而丢弃另一只。还有个别大熊猫妈妈缺乏经验，不会带宝宝。让大熊猫妈妈养好双胞胎，让有哺乳经验的大熊猫妈妈当缺奶水的幼仔的“奶妈”，是提高大熊猫幼仔成活率，突破“育幼难”

的关键。

大熊猫会不会像黑熊和小熊猫那样，一有动静就咬死幼仔？这是大熊猫行为学研究上的盲区。

1988年，大熊猫美美生下了一对双胞胎。饲养员左红、周永珍、胥桂蓉等把幼仔用小毛巾包起来，紧贴胸脯，轮流用人体温暖小宝宝，效果不错。后来，兽医钟顺隆设法测得熊猫妈妈怀抱的温度为36℃~37℃。以后，有了自动育婴箱，这就成了“经典温度”。

至于给大熊猫幼仔喂什么奶，更是让人煞费苦心。牛奶、羊奶全试过了，最后尝试用人奶。基地曾派人到医院产房去讨人奶。女工陈秀清刚分娩，奶水足，在熊猫产房隔壁安了一张床，自愿挤出自己的乳汁喂养熊猫小宝宝，让中外专家们感动不已。

1992年，大熊猫双胞胎培育的成果，通过了四川省科委组织的重大成果鉴定，先后被评为四川省科技进步一等奖、国家科技进步二等奖、建设部科技成果一等奖。

成都大熊猫繁育研究基地首创的双胞胎育幼技术，很快公之于世，得到广泛的应用。基地还派人到上海、福州、重庆等地的动物园，帮助其解决“育幼难”问题。

国宝大熊猫

大熊猫是我国的国宝，它美丽的皮毛和憨态可掬的样子，十分惹人喜爱。大熊猫体长1.5～1.8米，肩高约0.7米，重100千克以上。大熊猫小耳朵，大圆头，四肢粗壮，尾巴较短，身披乳白色的皮毛，四肢、肩部、耳鼻均为黑色，眼睛四周的黑环带，是两个黑眼眶，好像白脸上画了一个黑色的“八”字，十分可爱。

我国西南地区山峦起伏，森林密布，箭竹常青，是大熊猫的栖息地之一。大熊猫脚底宽阔，长有肉垫，其中黑色长毛密生，在竹林中穿越时没有一点儿声音。西南地区冬季漫长，大熊猫生活的地方常常大雪漫天，但它们却不畏寒冷，照样活动。到了秋季，暑气消失，凉风习习，它们则经常在背阳的山坡下游泳、喝水、玩耍，直到喝足、玩儿够、肚子滚圆，才蹒跚地离去。因此，小溪和竹林成了大熊猫经常出没的地方。

大熊猫的胃没有蜂窝式的构造，肠子粗短而结实，每天要吃10~30千克的箭竹。通常它们先把竹子咬断，然后一根根地扯掉枝叶，剥去竹皮，一口口地吞吃。

大熊猫有时也吃些荤腥。人们发现，在竹林中生活着一种竹鼠，经常在地下啃咬竹根，发出“嚓嚓”的声响。大熊猫听到后，就会丢掉箭竹，跑过去寻找竹鼠，发现竹鼠的洞穴后，它们一边向洞内喷气，一边用前爪拍打洞口，竹鼠从洞里蹿出来，正好被大熊猫抓住，这样就成了大熊猫的美餐。因此，动物园里饲养大熊猫时，除了为它们提供大量的植物性饲料之外，还添加一些牛奶和鸡蛋。

大熊猫性情孤僻。它昼伏夜出，活动的范围很小，没有一定的栖息之地。它们雌雄分居，只有在春暖花开时才相会。大熊

猫的繁殖力很低，每胎大都产1仔。怀孕期间，它们寻找树洞或草丛作为“产房”。刚生下的幼仔小得出奇，只有90～130克重。可是它长得很快，一年后就可重几十千克。大熊猫妈妈照料子女非常体贴，外出时会把孩子含在嘴里，或者用背驮着，真是形影不离。大熊猫妈妈还不时地教幼仔各种本领，如爬树、游泳和剥食竹子。两年后，熊猫宝宝就可以独自生活了。

大熊猫走起路来像熊，低着头，身体不停地左右摇摆。它们的感觉很迟钝，对前面的情况似乎不太关心。平时，它们很少奔跑，当遭到侵袭时，就马上逃跑，攀上大树。大熊猫性情温和，小熊猫、金丝猴等都是它们和睦相处的邻居。大熊猫还很淘气，有时会闯进人类的住所，趁人们不在家，偷吃屋子里的食物，并且把勺子扔得远远的，把屋里弄得一团糟。

大熊猫受到世界各国人民的喜爱，我国大熊猫出国展览或定居，常在当地受到热烈欢迎：康康和兰兰在日本落户，晶晶和佳佳在英国安家，玲玲和兴兴在美国居住，绍绍和强强在西班牙长期居住下来……1979年，兰兰不幸死了，日本人民为它追悼致哀，我国又送去了“新娘”欢欢。欢欢一到东京，立刻满城轰动。大熊猫憨厚老实，十分惹人喜爱。它会后肢立起转圈，还会用前肢向游客致敬；它神态严肃，稳重好静，经常能给人带来笑声；它还会蜷缩成一团，满地打滚，有时还撑着竹子玩。

我国现在仅有近千只野生的大熊猫，所以保护大熊猫是非常重要的事。我国政府已经与世界野生动物基金会达成协议，派出科学家培育箭竹以喂养大熊猫，并且用无线电跟踪设备等促进大熊猫的繁殖和保护。

“世界上最后一只功夫熊猫”去世

据媒体消息，曾给湖北省武汉市带来荣耀的武汉市杂技团动物明星大熊猫英英，于2009年5月“寿终正寝”。英英是我国最后一只经批准用于演出活动的大熊猫，因而被人称为“世界上最后一只功夫熊猫”。

据悉，英英“享年”25岁。动物专家称，这相当于人类寿命的

70～80岁。

2009年5月27日，英英突发疾病，武汉市杂技团立即请成都动物园兽医院副院长等人到武汉抢救英英。经过5天救护，医护人员无力回天，英英于5月31日23时30分死亡，湖北省林业厅后发文予以确认。

英英为雄性，1984年出生于四川野外，后被成都动物园捕获进行人工饲养。它的“出生证”记载：本名GANGGANG，谱系号300。

英英是1986年年初来到武汉市杂技团的。当时上海市杂技团已有熊猫杂技表演，时任武汉市文化局局长、后任中国杂技家协会主席的夏菊花出面申请，时任国家主席的李先念批准，国家林业部将英英拨给武汉市杂技团。

英英不久就接受了杂技表演训练。在驯养员白玉陵的精心驯导下，它10个月就学会了打篮球、滑滑梯、吹小号、举重等表演，于1987年1月开始登台演出。

一登台，英英就用顽皮诙谐的表演征服了观众。英英是武汉人心目中的动物明星，它曾在多届武汉市杂技节上展示风采。没有在舞台和荧屏上欣赏过英英绝技的武汉人还真不多。

英英经常受邀到海外演出。1987年年底，为给泰国国王祝寿，英英首度随武汉市杂技团出国表演长达3个月时间，演出97场之多。可爱的英英被泰国王室奉为“吉祥之宝”，泰国新闻媒体赞誉它为“超级巨星”。1988年英英到加拿大演出82场，加拿大总理马尔罗尼看完演出后特意与它合影。

2001年英英到澳门与市民见面，这是大熊猫首次到澳门访问，连香港和台湾都有不少游客专程到澳门观看英英的演出。

英英还参演了多部海内外影视片，如《熊猫阿吉》《飞越长城》《世界动物明星集锦》等，颇受好评。

2004年11月19日，英英接受了日本大分市市长和议长的访问，之后就闭门谢客了。

英英去世后，被送回了它的故乡安葬。

难忘的记忆

英英是新中国成立后第一只访问澳门的熊猫，它在澳门市民心目中留下了难忘的记忆。

2001年5月，澳门澳汉联谊会成立，专门邀请武汉市杂技团到澳门表演庆祝。18岁的国宝熊猫英英随团访问澳门一周，吸引了数万澳门市民及游客到场观看。

当时适逢北京申办2008年奥运会的关键时刻，为了发动澳门人支持北京申办奥运会，以及增进其对湖北武汉的了解，澳汉联谊会组织了这次活动。“熊猫是国宝，在各方面的积极努力之下，终于促成此事，令澳门市民首次在澳门一睹国宝熊猫的风采。”

当年5月11日英英如期到达澳门，在澳门国际商贸城供市民免费参观。澳汉联谊会在英英展示现场，还特意举办了“新北京，新奥运”万人签名活动，请市民签名支持北京申办奥运会。澳门特别行政区行政长官何厚铧参加了签名参观活动，率先在签名册留名，并称赞：“此活动办得好，很

成功”。

国宝熊猫的首访在澳门掀起“英英热”。当时，前往观看英英的市民络绎不绝，很多市民举家前往，不少学校也组织学生参观。由于人数众多，主办单位一度采取潮水式放行，现场还为小学生举办了熊猫英英与众同乐绘画及填色比赛，澳门各大新闻媒体均在显著位置报道盛况。

当时有数万名澳门市民与英英见面，运气好的还看到了英英喝牛奶的即兴表演。英英给澳门市民，尤其是少年儿童带来了欢乐，很多小朋友因参观时间限制，在离开时还依依不舍。当时，英英的保健医生刘建国说，英英与澳门非常有缘，它十分适应当地的环境，健康状况良好。

英英幸福的晚年

英英的晚年生活过得非常幸福。2000年后，英英逐步淡出舞台，开始它的养老生活。它由专职的饲养员、兽医和清洁工照料。吃竹叶少了，主要以牛奶、麦片、鸡蛋为食，每年的生活费至少需要20万元。

为了让这只最后的功夫熊猫（当时上海市杂技团的熊猫已故）晚年生活得更好，武汉市政府拨款60万元在杂技厅内改建了一处熊猫“别墅”：约200平方米的宽敞室内活动空间，门外还有面积更大的草坪供英英玩耍。可惜，“别墅”修好后英英还没有来得及住上一天。

英英病故后，如何办理英英的后事，让武汉市杂技团的领导们颇费脑筋。杂技团最后决定将英英遗体运往四川它的出生地安葬，让它叶落归根。武汉市杂技团用专车将英英的遗体冷藏运往成都，路上每隔6小时停车给冷柜通电制冷。经过4天跋

涉，6月26日运达成都动物园。

6月27日，核工业416医院受托对英英进行了病理解剖，认为主要是受年龄因素影响，出现了胃肠壁出血和肾、肝水肿。

成都动物园负责处理英英的遗体。6月27日，兽医将英英的毛皮剥下保存，肉身包裹后掩埋，并在掩埋处植树纪念。英英下葬时，肉身包裹的缎带上写着：超级巨星熊猫英英安息。

曾是武汉市拥有产权的国宝

获悉英英病逝的消息后，所有人都感到很难过。动物专家表示，在当时国家还未将大熊猫划归国有时，英英与1999年过世的另一只大熊猫都是武汉市仅有产权的两只大熊猫。

大熊猫的25岁相当于人类的70多岁，在野生条件下，通常它们活到20岁已经是高龄，武汉市杂技团将英英养到25岁，实属不易。

大熊猫进入老年后，需要24小时值班护理。老年大熊猫容易患肠梗

阻、癫痫及白内障。由于大熊猫常吃竹子，牙齿容易磨损，进入老年后取食困难，饲养员对此付出了更多的精力。夏季还要注意降温，每天要观察大熊猫的粪便及精神状态。

在2001年前后，英英近20岁时，武汉市杂技团曾与市动物园联系，想将英英转到动物园饲养，但最终未能实现。一是因为英英已步入老年，不能再进行杂技表演；二是“英英”当时是世界上唯一会表演杂技的大熊猫，备受国内外关注，一旦接下，非同小可。而动物园方面也因为场馆设施达不到要求，转移的计划最终未达成。

武汉动物园目前有两只大熊猫，即希望和伟伟，是2008年四川发生地震后，从卧龙大熊猫保护中心转到武汉市寄养的。两只大熊猫在武汉很健康，生活得很好。

有关大熊猫的传说

传说之一

在一个西藏的神话传说中，有四名年轻的牧羊女为从一只饥饿的豹口中救出一只大熊猫而被咬死的故事。别的大熊猫听说此事后，决定举行一个葬礼以纪念这四名牧羊女，那时，大熊猫浑身雪白，

没有一块黑色的斑纹。为了表示对死难者的崇敬，大熊猫们戴着黑色的臂章来参加葬礼。

在这感人的葬礼上，大熊猫们悲伤得痛哭流涕，它们的眼泪竟与臂章上的黑色混合在一起淌下。它们一擦，黑色染出了大眼圈，它们悲痛得揪着自己的耳朵抱在一起哭泣，结果身上就出现了黑色斑纹。

大熊猫们不仅将这些黑色斑纹保留下来作为对四位女孩的怀念，同时也让自己的孩子们记住所发生的一切。它们把这四位牧羊女变成了一座四峰并立的山。这座山现在就矗立在四川卧龙自然保护区附近。

传说之二

相传远古时候，大熊猫是黄龙的坐骑，它经常驮着黄龙云游四方，驱邪降魔。一天，黄龙预感到大地要发生重大变化，届时会山崩地裂、沧海桑田，肉食性动物将难以生存，就规劝大熊猫修心吃素。温驯的大熊猫听从了黄龙的规劝，改吃箭竹。后来地质变化，与大熊猫同属肉食性动物的剑齿虎等都因觅食困难而逐渐灭绝，唯有改吃箭竹的大熊猫适应环境生存下来，成为稀世珍宝、“古生物的活化石”。

第二章
动物之王：老虎

老虎，又叫大虫或山猫，是百兽之王。它生长在深山里，形状如猫，但像牛一般大，黄底黑纹，最明显的外观是全身布满黑色横纹并延伸至脑门上，有时会呈现汉字“王”“大”的字样，锯牙钩爪，胡须坚硬而尖，舌有手掌一般大，生倒刺，颈项短，吼叫时鼻道有阻塞感。声吼如雷，风也相随而生，百兽无不恐惧。

聪明的动物之王

据化石分析，虎发源于亚洲东部，也就是我国东部地区（长江下游）。虎的毛色呈橘黄、黄棕或橘红色，腹部及四肢内侧呈白色或者乳白色，眼眶有醒目的白斑，两颊有醒目的白色鬓毛，外观显得华丽、威武，是顶级的肉食性动物。虎是一种独居动物，一般每只虎都有自己的领地，雄虎的领地比雌虎的大，一只雄虎的领地往往会跨越几只雌虎的领地，与其中雌虎的领地重叠，但雌虎之间的领地不一定交叠。

雌虎独自生产和喂养幼虎，当幼虎成年后，小雄虎会外出开辟新的领地，小雌虎多会在母亲附近占一块领地。每只虎占领一块领地后，就会将本地所有大型肉食性动物如狼、豹、熊等赶走，即所谓

“占山为王”。

虎以大中型草食性动物为食，也会捕食其他肉食性动物，有攻击捕杀亚洲象、犀牛、鳄鱼、豹、熊等强大动物的记载。在它的领地范围内，其他的肉食性动物如豹、狼等会受到一定的压制，这对生态环境有很大的控制调节作用。同时老虎对猎物数量的变化也非常敏感。所以有虎生存的地区，必须有良好的生态环境，有足够的猎食领地以维持。

虎很少主动攻击人，不过在食物严重短缺时，会袭击家畜甚至人。人如果进入虎的领地可能会受到攻击，虎攻击人一般不会选择正面，印度农民用头后戴假面具的方式避免遭受老虎攻击（此法开始有效，过了一段时间后就无效了，可见虎是非常聪明的，识破了人的假面具）。

濒临灭绝的独行者——虎

在中国人的意识中，虎是最富有霸气的动物之一，诸如“虎虎生威”“龙腾虎啸”“放虎归山”等成语，都表达了一种对虎的敬畏之情，可见虎在人们心中的威严地位。

在“谁是真正的兽中之王”的争论中，虎是唯一对狮子构成挑战的动物。人们总是在设想狮子和虎相遇，谁会是胜利者，不过这种比较没有现实意义，因为在自然状态下它们从来没有在一起生存过。

虎的分类

虎，又称老虎，是当今体形最大的猫科动物，也是亚洲陆地上最强大的肉食性动物之一。虎是脊索动物门，哺乳纲，食肉目，豹属。

最大的虎种体重可以在350千克以上。虎对环境要求很高，各虎亚种均在所属食物链中处于顶端，在自然界中没有天敌。虎的适应能力很强，在亚洲分布很广，从北方寒冷的西伯利亚地区，到南亚的热带丛林，及高山峡谷等地，都能见到它们的身影。

虎的习性

在我国东北地区，虎常出没于山脊、矮林灌丛、岩石较多或砾石塘等山地。虎常常单独活动，只有在繁殖季节，雌雄老虎才在一起生活。它们没有固定的巢穴，多在山林区游荡寻食。虎生性机警，善于游泳，但不善于爬树。

虎多在黄昏或清晨活动，白天休息、潜伏，但在严寒的冬季，白天亦出来捕食（此情况多见于东北虎及其他北方地区的亚种）。

虎的活动范围较大，一般在500～900平方千米，最大的可达

4200平方千米。在北方觅食活动范围可达数十千米，在西双版纳地区因食物较多，活动范围较小。

体形硕大的虎

虎的身形巨大，体长约200～350厘米，亚种中体形以东北虎（西伯利亚虎）为最大，而苏门答腊虎体形则最小。

生活在俄罗斯东部和中国北部的东北虎在几个亚种中体毛最长，可以抵挡北方地区的严寒。一般来说，所有的虎，冬天的毛都会比夏天长，体毛颜色和花纹也会比较浅。虎的头骨滚圆，脸颊四周环绕着一圈较长的颊毛，这使它们看起来威风凛凛。雄虎的颊毛一般比雌虎长，特别是苏门达腊虎。虎的鼻骨比较长，鼻头一般是粉色的，有时还带有黑点。它们的耳朵很短，形状如半圆，耳背呈黑色，中间有块明显的大白斑。虎的四肢强壮有力，前肢比后肢更为强健。它们的尾巴又粗又长，并有黑色环纹，尾尖通常是黑色

的。

东北虎是世界上最大的虎，也是最大的猫科动物。成年雄虎身长可达3米，捕获的野生虎最重实测记录为384千克。

虎的捕猎

虎最精良的攻击武器是粗壮的牙齿和可伸缩的利爪。它捕食时异常凶猛、迅速而果断，以消耗最小的能量获取尽可能大的收获为原则。但捕食猛兽时，若没有足够的把握绝对不会行动。

当虎嗅到猎物的气味时，马上会低伏着前进，寻找掩护的东西，从后面无声地接近猎物，当距离猎物10~20米远的时候，突然跃起，

用前爪抓住猎物的背部拖倒在地，用尖锐的虎牙咬断猎物的气管后才松口。

虎通常每次食肉量为17～27千克，体形大的可达35千克。由于脚上生有很厚的肉垫，所以在行动时声响很小，机警隐蔽。它在雪地上行走时，后脚能准确地踩在前脚的脚印上。跳跃能力强，可一跳达5～6米远。

濒临灭绝的虎

我国的虎主要有东北虎、华南虎，野生的的华南虎已经很难见到，野生东北虎也非常少见。世界上还有东南亚虎、苏门达腊虎、孟加拉虎等，其余的诸如里海虎、巴厘虎、爪哇虎等都已经灭绝。

巴厘虎是现代虎中体形最小的一种，仅是北方其他虎体重的1/3。它的体长约2.1米，重90千克以下，生活在印尼巴厘岛北部的热带雨林中。这里水源和食物充足，成了巴厘虎的天然保护区。色彩斑斓的巴厘虎对印尼人来说是一种超自然的存在，甚至出现在传统的艺术面具上。19世纪到20世纪初，虎在自己的

生存地到处遭受人的侵袭，随着巴厘岛上人口的增加，人侵犯了巴厘虎的生活空间。巴厘虎对人的威胁也进一步增加，许多人因此成为巴厘虎的牺牲品。

欧洲殖民者入侵到巴厘岛后，毫不留情地猎杀巴厘虎，他们的这一恶习也传给了当地的印尼人。因为虎皮能在市场上卖个好价钱，人们就肆无忌惮地猎杀巴厘虎。巴厘虎不仅皮毛吸引人，它的骨头在我国台湾等地也非常受喜爱，常常被用作酒和药材。在人们的欲望面前，所剩不多的巴厘虎完全不是对手。据记载，最后一只巴厘虎于1937年9月27日在巴厘岛西部的森林里被贪婪成性的猎人射杀。

世界上原有8种虎，现在只剩下5种，而且令人担心的是那些野生的虎不知道能否活到21世纪中期。

森林里的独行侠

虎是典型的山地林栖动物。从南方的热带雨林、常绿阔叶林，至北方的落叶阔叶林、针阔叶混交林，它都能很好地生活。

当雄虎和雌虎巡视领地时，会抬起尾巴将有强烈气味的分泌物和尿液喷在树干上或灌木丛中，以此界定自己的势力范围。有时也会用锐利的爪在树干上抓出痕迹，以界定自己的势力范围。只有在三种情况下才会见到几只虎共同生活一段时间：一是交配期间短暂

相伴。二是一只雌虎带着它尚不能独立生活的子女，一同生活和捕食；另外雄虎也可能常和自己的配偶和孩子们待在一起。三是同胞兄弟姐妹长大离开母亲，但尚未分手之时；或成年后在一段时间内相互协作，共享收获。

虎基本上是奉行单身主义的夜行动物，不过在有些远离人类的保护区里，它们白天也出来捕食。在寒冷的北方居住的虎，有时白天也必须出动四处捕食。它们通常捕食大型哺乳动物，如各种野鹿、野羊、野牛、野猪，有时也捕捉各种小动物，如鸟类、猴子、鱼等，夏秋季还捕食大型昆虫和采摘浆果。为了帮助消化，它们偶尔也会啃点草。饥饿至极时，也会捕食人类家畜，甚至吃人（吃人的虎通常是那些老弱病残、无法对付健康动物的可怜家伙，而这种惨剧只有在人类进入虎的领地后才会发生），因此遭到某些人类的憎恨。如果食物吃不完，它们会把剩下的藏起来，通常是距离水源不远的地方，过几天再来吃。

雄虎会严格捍卫自己的领地，若领地面积过大，难免有人想占便宜。面对无耻的入侵者，雄虎通常是奉行“杀无赦”政策，而且这样也能减少自己未来的竞争对手。雌虎一般不这样做，即便它们的邻居死了，它们也未必会去开拓疆域。

虎不喜欢炎热的天气，因为它们缺少汗腺。夏季到来之后它们总会四处找树阴躲着。它们十分热爱游水，并且游泳技术高超，炎热地区的虎特别喜欢在水塘泡澡嬉戏。不过它们的爬树本领就远远比不上游泳技能了，估计是身体太大、太重所致。

中华之魂——华南虎

华南虎是我国特有的虎的亚种，原是中国分布最广、数量最多、体形较小但资格最老的一个虎种。20世纪初期全世界尚有苏门达腊虎、孟加拉虎、东南亚虎、东北虎、华南虎、里海虎、巴厘虎，爪哇虎等8个亚种，但后3个亚种相继灭绝。中国还有一种新疆虎是在20世纪初灭绝的。

华南虎雄性重149～225千克，雌性重90～120千克，个头虽然不是最大，但对华夏民族文化的影响可谓源远流长，人们谈虎色变、畏虎、敬虎，认为“老虎吃人”的心理根深蒂固。但结果是，老虎几乎快被人类“吃”光了。华南虎正处于濒临灭绝的状态，野外数量约20只，呈孤岛分布，且捕食对象稀缺。人工饲养下的50只华南虎呈严重近亲繁殖状态，退化现象十分明显。

我们连作为

具有民族精神“虎虎有生气”“龙腾虎跃”象征的这种动物都保护不了，还能保护好自己吗？虎的消失，将预示着人类灵魂的失落。

虎有几种奇异色形，如产于印度中央邦雷瓦的白虎、产于中国河北省东陵的黑虎（已于19世纪末灭绝）及产于中国福建省的蓝虎（已灭绝）。华南虎被国际自然保护联盟红皮书列为“濒危”级别，在中国属一级保护动物。

识别特点：头圆，耳短，四肢粗大有力，尾较长，胸腹部杂有较多的乳白色，全身橙黄色并布满黑色横纹。在亚种虎中华南虎体形较小，是中国十大濒危动物之一。

喜欢单独生活的华南虎

华南虎多单独生活，不成群，而且多在夜间活动，嗅觉发达，行动敏捷，善于游泳，但不善于爬树。与其他虎的亚种相似，主要猎食有蹄类动物。雄性华南虎会攻击较大型的猎物，如黑熊及马来熊等。一般来说，一只华南虎的生存至少需要70平方千米的森林，还必须生存有200只梅花鹿、300只羚羊、150只野猪。野生华南虎吃新鲜肉，捕食对象包括野猪、野牛和鹿类。

濒危的华南虎

目前，全世界现存的5个虎种共有7000多只，其中已知的华南虎数量约70只，绝大部分圈养在我国的动物园，野外的十分罕见。除独有的华南虎外，我国还拥有跨国分布的东北虎、孟加拉虎。与其他虎种相比，华南虎个头偏小，毛色略深，身上的虎纹宽一些，脖子和脸也长得稍微长一些。在虎的家族中，华南虎是同原始虎的虎骨特征最为接近的古老亚种。

性格孤独的华南虎没有固定的繁殖季节，3～4岁性成熟，一般寿命可达20年。

我国动物园内目前圈养的华南虎，来自1955年从野外捕获的18只华南虎。这18只虎中，有繁殖记录的为6只，分别生活于上海、贵阳，现有的约70只华南虎，都是这6只野生虎的后裔，从而形成了华南虎的两个品系——上海系、贵阳系。

散居在我国20多家动物园内的华南虎不仅性别比例失调，雄虎多，雌虎少，而且大多年老体弱。为提高华南虎的繁殖能力，1955年，中国动物园协会专门成立了华南虎协调委员会，在全国范围内开展华南虎的保护、繁殖和研究工作。

上海动物园主持开展的“华南虎种群复壮和基因库建立”的研究课题，在世界上首次全面系统地研究了圈养华南虎的种群，制定了谱系号，进行科学的育种、繁殖，避免了近亲交配的严重恶化。

成活率低的华南虎

华南虎的怀孕期约为103天，平均每胎产仔2~3只。一般情况下，体质较弱的华南虎每胎仅产仔1～3只，体质较好的每胎产2～4只。产仔最高纪录为一胎5只。

华南虎的人工繁殖始于1963年的贵州贵阳。这一年，从贵州清镇捕获的一只野生雄性华南虎（1958年），先后与从贵州长顺和毕节（1959年）捕获的两只野生雌性华南虎交配，两只雌虎分别产下一雄一雌2只幼仔。近年，全国圈养华南虎共有122胎，产仔287只，除32只死亡外，存活雄性151只，雌性104只。在约半个世纪的圈养中，华南虎共死亡250只。可以准确确定死亡年龄的有191只，其寿命之和为10179岁。记录的266只幼仔，在出生后30天内死亡的有117只，死亡率高达44%；成年后死亡率在4～12岁时为4%～5%，超过13岁的死亡率增大。

黄帝驱虎战蚩尤

中国人自称“炎黄子孙”，殊不知当年如果没有老虎助阵，这一称谓或许会改写。

原来，在距今5000多年前，势力强大的蚩尤部落经常侵扰炎帝、黄帝部落。由于蚩尤部落掌握了冶炼铜器的先进技术，能打造出大量铜兵器，因此总能将手持石刀、石斧的炎帝部落击败。炎帝招架不住，只得败退到涿鹿（今河北省涿鹿县），并向黄帝求援。

面对强悍的对手，黄帝经过周密思索与安排，派出了一支驯兽部队。他对捕获的虎、熊等猛兽进行了训练，希望用这支奇兵击溃蚩尤。此时的蚩尤连战连捷，见黄帝部落同样手持落后的石质武器，根本不把他们放在眼里。双方一交战，黄帝便佯装败北，将蚩尤的军队引入了包围圈。

时机一到，黄帝一声令下，训练有素的猛虎便咆哮而下，与蚩尤军疯狂地厮杀起来。蚩尤军被打了个措手不及，难以匹敌猛虎，只得往回逃窜。凭借老虎的力量，炎黄部落最终战胜了蚩尤部落，大获全胜。

第三章

中国的珍宝：金丝猴

金丝猴，脊椎动物，哺乳纲，灵长目，猴科，疣猴亚科，仰鼻猴属。金丝猴毛质柔软，为中国特有的珍贵动物，群栖高山密林中。中国金丝猴分川金丝猴、黔金丝猴、滇金丝猴和2012年发现的怒江金丝猴（暂定名），此外还有越南金丝猴、缅甸金丝猴，均已被列为中国一级保护动物。

优雅温和的金丝猴

金丝猴的珍贵程度与大熊猫齐名，同属国宝级动物，它们毛色艳丽，形态独特，动作优雅，性情温和，深受人们的喜爱。金丝猴目前有川金丝猴、黔金丝猴、滇金丝猴、越南金丝猴、缅甸金丝猴和2012年发现的怒江金丝猴（暂定名）。其中只有川金丝猴全身是金黄毛色，其他几种都没有金色的体毛。滇金丝猴的体毛主要是黑灰

色和白色，它背披黑毛，臀部、腹部和胸部都是白毛，面部粉白有致。因滇金丝猴远居滇藏的雪山杉树林，数量仅千余只，而黔金丝猴仅见于贵州梵净山，数量仅700多只，所以大家比较熟悉的当数川金丝猴，川金丝猴分布于四川、重庆、陕西、湖北及甘肃，深居山林，结群生活。

金丝猴的外形特征

金丝猴体长约70厘米，尾长与体长约相等或长些。鼻孔大，上翘。唇厚，无颊囊。背部的毛长发亮，颜色为金色，头顶、颈、肩、上臂、背和尾的毛为灰黑色，头侧、颈侧、躯干腹面和四肢内侧的毛为褐黄色，毛质十分柔软。因其鼻孔极度退化，即俗称“没鼻梁子”，因而使鼻孔仰面朝天，所以又有“仰鼻猴”的别称。

金丝猴的繁殖与天敌

每年秋季是金丝猴的发情期，性成熟期雌性早于雄性，雌性4～5岁，雄性迟到约7岁。全年均有交配，但8～10月3个月为交配盛期，孕期约6个月，多于翌年3～4月产仔，个别也有在2月或5月产仔的。通常一胎一仔，偶产二仔。刚生下的幼仔猴脸呈暗蓝，毛色棕褐，叫声如婴儿哭泣，一个月后体重达约1千克。成年猴群中，雄雌性之比约为1：2。天敌有豺、狼、豹、金猫和鹫、鹰等。

金丝猴爱栖息于森林中

金丝猴是典型的森林树栖动物，常年栖息于海拔1500～3300米的森林中。其植被类型和垂直分布带属亚热带山地常绿与落叶阔叶混交林、亚热带落叶阔叶林、常绿针叶林、次生性的针阔叶混交林等4个植被类型，随着季节的变化，它们不向水平方向迁移，只在栖息的环境中作垂直移动。金丝猴群栖生活，每个大的集群以家族性的小集群为活动单位。最大的群体可达600余只，在灵长类动物中，如此庞大的群体亦属罕见。

金丝猴的独特习性

金丝猴吃东西总是很香甜

金丝猴虽然主要在树上生活，但也在地面找东西吃。它主要以树叶、嫩枝芽、野果、竹笋、苔藓植物为食，也吃树皮和树根，同时爱吃昆虫、鸟和鸟蛋。它吃东西时总是吧嗒嘴，显得那么香甜！

金丝猴的家庭生活

金丝猴具有典型的家庭生活方式，成员之间相互关照，一起觅食，一起玩耍休息。在金丝猴的家中，未成年的小金丝猴有着强烈的好奇心，非常调皮，也备受父母宠爱，但雄性成年后就会被爸爸赶出家门，只能自己到野外独立生活。

母爱在灵长类动物中表现得非常突出。母金丝猴无微不至地关心和疼爱自己的孩子，尤其在哺乳期，母猴总是把小猴紧紧地抱在

胸前，或是抓住小猴的尾巴，丝毫不给它玩耍的自由。在这期间，朝夕相处的“丈夫”尽管向“夫人”献尽了殷勤，又是为她理毛，又是为母金丝猴捡痂皮，但是别想摸一摸母金丝猴怀中的小猴，更别提抱抱小金丝猴亲热一番了。母猴总是抱着小猴，把背朝着自己的“丈夫”，丝毫不给“丈夫”抚爱子女的机会。猴王在群体中享有特权。

有一则消息是这样报道的：一天傍晚，一群金丝猴到寨子后面的果园里偷吃果子，被人们发现后仓皇逃跑，不巧被小河拦住去路，大金丝猴们一跃而过，一只小金丝猴却跳不过去，急得“吱吱”乱叫。过了河的猴王于是发出指令，叫一只雄猴过河接应。这只雄猴又跳过河，抱起小猴准备过河，由于心慌失手，把小金丝猴抛落在水中。金丝猴们一见拼命顺着河边跑去抢救，在下游把小金丝猴救上岸来。猴王气势汹汹地走进猴群找到那只雄猴，“啪啪”就是两耳光。雄猴自知有错，只得乖乖地接受惩罚。

中国独有的川金丝猴

川金丝猴多生活于四川省西部、北部山地，云杉、冷杉、槭、桦、箭竹、杜鹃等丛生的针阔混交原始林里。有时，人们听到远远传来咔嚓咔嚓的声音，走近些能辨别出是在攀折树枝，但却听不到任何动物的叫声。

远眺，只见皑皑白雪覆盖着山林，一年约有近半年时间积雪，山林显得格外幽静。近处，在林海中抬头留神观察，才能见到树枝

间穿梭闪跃而过的金灰色猴子。这就是世界上大名鼎鼎的川金丝猴，而且不论野生还是饲养的，都只有中国才有。

川金丝猴身背长毛，浓而厚的金灰色或金黄色背毛，长度可达20多厘米。脸部呈蓝色，面形淳朴和蔼，鼻孔朝天翘的鼻子给它增添了不少憨厚稚气的神情，十分惹人喜爱。

初生幼仔的毛呈乳黄色，洁净可爱。1岁以后，黑色的冠毛逐渐增多，颈侧开始有黄红色的金毛，背毛为黑褐色。随着年龄的增长，毛色继续变化，到2岁以后，全身毛色变为金黄，头顶、背部还有些黑褐色。4岁左右成熟。雄猴体大魁梧，身强力壮，看上去特别漂亮，而雌猴则斯文苗条多了。

川金丝猴有十几只一群的，也有几百只一群的。群内老幼雌雄都有。大群中还分小群，好似一个大家庭。它们成群游荡，徐徐转

移，各群都有一定的活动范围和相对固定的迁移路线，周年来回迁移寻找食物。

川金丝猴吻部肥大，嘴角处有瘤状突起，并且随着年龄的增长不断变大、变硬。为了适应高海拔地区的缺氧环境，金丝猴的鼻孔与面部几乎平行，鼻梁骨退化，减少了在稀薄空气中呼吸的阻力。

傈僳族的传说

我国傈僳族有一个关于祖先的神秘传说。很久很久以前，傈僳族的祖先在大山里自由自在地生活。他们夏天在树林中活动，采摘树上的嫩芽和野果作为食物；冬天以岩洞作为房屋，在地上寻找植物的根、茎和种子作为食物。他们的祖先非常诚实善良，与周围的民族友善相处，常常邀请他们来山里做客，用山鸡、竹笋等好吃的款待客人。

可是有一天，山外人请傈僳族的祖先做客，却欺负他们的祖先没见过铁器，让他们的祖先坐在刚刚出炉的大砍刀上，结果，他们的祖先的裤子被烧烂，屁股被烙红。屁股露在外面太难看了，傈僳族的祖先就自己缝了一条白色的短裤、一件白色的羊皮褂和一件黑色坎肩穿在了身上（也就是现在滇金丝猴的样子）……所以，在今天傈僳族的人们还把金丝猴作为他们的图腾崇拜。

金丝猴为我们的大自然带来了无限欢乐，让我们行动起来保护金丝猴，保护大自然，让金丝猴成为人类忠实的伙伴，和我们欢乐与共，共同生存，使人类和动物之间更加亲密。

第四章
爬行的“活化石”：扬子鳄

扬子鳄，或称作鼍（tuó），是中国特有的一种鳄鱼，也是世界上体形最细小的鳄鱼品种之一。它既是古老的，又是现在生存数量非常稀少、世界上濒临灭绝的爬行动物。在扬子鳄身上，至今还可以找到早先恐龙等爬行动物的许多特征，所以人们称扬子鳄为“活化石”。扬子鳄对于人们研究古代爬行动物的兴衰、古地质学、生物的进化具有重要意义。

中国特有的鳄鱼

扬子鳄的身体特征

扬子鳄，通称猪婆龙，也叫鼍，是中国特有的一种鳄鱼，也是世界上体形最细小的鳄鱼品种之一，因生活在扬子江（长江）而得名。与同属的密西西比鳄相似，但是体形要小得多。成年扬子鳄体长很少超过2.1米，一般只有1.5米，体重约为36千克。头部相对较大，鳞片上具有很多颗粒状和带状纹路。全身有明显的分部，分为头、颈、躯干、四肢和尾。

背部呈暗褐色或墨黄色，腹部为灰色，尾部长而侧扁，有灰黑或灰黄相间纹路。初生幼仔为黑色，带黄色横纹。尾巴是自卫和攻击敌人的武器，在水中还起到推动身体前进的作用。四肢较短而有力，前肢和后肢有明显的区别：前肢有5趾，趾间无蹼；后肢有4趾，趾间有蹼。这些结构特点适于它既可在水中也可在陆地生活的特点。尾长与身长相近。身体外被革质甲片，腹甲比较软；甲片近长方形，排列整齐；有两列甲片突起形成两条脊纵贯全身。四肢短粗，趾端有爪。吻短而纯圆，吻的前端生有一对鼻孔。有意思的是，鼻孔有瓣膜，可开可闭。眼为全黑色，且有眼睑和膜，所以眼睛可张开可闭合。扬子鳄在晒太阳时，还可以通过调节背部的血液流量来调节体温。

唯一爱冬眠的鳄鱼

扬子鳄是唯一具有冬眠习性的鳄类，因为它所在的栖息地冬季较寒冷，气温在0℃以下，这样的温度使得它只好躲到洞中冬眠。据观察，它冬眠的时间从10月下旬开始到翌年4月中旬左右结束，算来达半年之久。它用以冬眠的洞有些不一般，洞穴距地面2米深，洞内构造复杂，有洞口、洞道、室、卧台、水潭、气筒等。卧台是扬子鳄躺的地方，在最寒冷的季节，卧台上的温度也有10℃左右。扬子鳄在这样高级的洞内冬眠，肯定是非常舒适的。它在冬眠初始和即将结束这两段时间内，入眠的程度不深，受到刺激会有所反应。中间这段时间较长，且入眠的程度很深，就好像死了似的，看不到它的呼吸现象。

追溯扬子鳄的历史

扬子鳄的进化

据史料记载，扬子鳄在进化初期，远达内蒙古自治区、甘肃省、山东省，近到湖南省、江西省、浙江省、江苏省、安徽省和上海市都留有其踪影，是典型的沿长江中下游及其周边湿地分布的爬行物种，其家族兴盛，数量繁多。

在古老的中生代，地球是爬行动物的天下，扬子鳄和同时代的恐龙一样，曾经称霸地球，后来随着环境的变化，恐龙等动物相继灭绝了，而扬子鳄和其他一些爬行动物却一直繁衍生存到今天。扬子鳄的故乡在中国的长江流域。它的祖先曾经是陆生动物，后来随着生存环境的变化，被迫学会了在水中生活的本领，所以它具有水陆两栖动物的特点和广阔的活动天地。也许正因为如此，它才能在地球上生活了2亿年，成为生物进化史上的“老寿星”。在扬子鳄身上，至今还能找到早期恐龙等爬行动物的特征，因此人们称扬子鳄为“活化石”。现在，人们常以扬子鳄去推测恐龙的生活习性。这些研究对生物进化的研究工作具有重要的意义。

名称由来

早在甲骨文中就有有关鼍的记载。春秋时期的诗歌总集《诗经》的《大雅·灵台》中，也有“鼍鼓蓬蓬”的诗句。意思是说，鼍叫起来像敲鼓一样发出“砰砰”的声响。东汉许慎的《说文解字》、西晋张华的《博物志》、明朝李时珍的《本草纲目》等典籍中，都有扬子鳄的记载。

扬子鳄相较于其他鳄类行动比较迟钝，但性情比较温驯。它与美国的密西西比鳄是近亲，它们的近祖所处年代可追溯到距今8000万年前的白垩纪，远祖所处年代则可追溯到2亿年前的三叠纪。

独特的扬子鳄

繁殖季节和环境

有人把扬子鳄看作是水生动物。其实它没有鳃，不是水生动物，但却形成了一些适应水中生活的特点，具有水陆两栖的本领而已。这样，扬子鳄就扩大了生活的领域，使它们容易在生存斗争中成为优胜者。

刚刚从冬眠中苏醒过来的扬子鳄，首先要全力以赴去觅食。过不了多久，体力充分恢复后的扬子鳄，雌雄之间开始发出不同的求偶声，一呼一应，在百米之外可听到雄鳄洪亮的叫声和雌鳄较为低沉的叫声。它们以呼叫声作为信号，逐渐靠拢，聚合到一起，在非繁殖期则分居。

这时大约已经到了6月上旬，扬子鳄在水中交配，体内受精。到7月初左右，雌鳄开始用杂草、枯枝和泥土在合适的地方建筑圆形的巢穴供产卵用。巢穴建成以后，产卵期也到了。7月中旬左右雌鳄开始产卵，每巢产卵10～30枚，之后它便守护在一旁。鳄卵靠自然温度孵化。卵为灰白色，比鸡蛋略小。

卵上覆盖着厚草，此时已是夏季最热的时候了，很快，部分巢材和厚草在炽热的阳光照射下腐烂发酵，并散发出热量，鳄卵正是利用这种热量和阳光的热能来进行孵化。大约两个月后，雌鳄在巢边听到幼仔的叫声后，会马上扒开盖在它们身上的腐草等，帮助幼仔们爬出巢穴，并把它们引到水池里。幼仔体表有橘红色的横纹，色泽非常鲜艳，与成鳄体色有明显的不同。幼鳄初生的第一个月难以觅得足够的食物，因此成活率很低。

扬子鳄喜静，白天常隐居在洞穴中，夜间外出觅食。不过它也

在白天出来活动，尤其是喜欢在洞穴附近的岸边、沙滩上晒太阳。它常紧闭双眼，趴伏不动，处于半睡眠状态，给人们以行动迟钝的假象，可是当它一旦遇到敌害或发现食物时，就会立即将粗大的尾巴用力左右甩动，迅速沉入水底逃避敌害或追逐食物。它的食量很大，能把吸收的营养物质大量地储存在体内，因而它具有很强的耐饥能力，可以度过漫长的冬眠期。

科学研究发现了扬子鳄孵化的温度与性别比率的关系，即Z染色体上的一个基因对决定性别起作用，而不是W染色体决定雌性的基

因，而该基因将会被高温育活。这些发现还提出，其他爬行动物中表现出与温度有关的性别确定存在性别染色体的可能性。在这之前，研究人员通常假设，性别或是由染色体上的基因或是由胚胎发育的温度所决定，而不是由两者同时决定的。温度在31℃～32℃、33℃～34℃是雌性，32℃～33℃是雄性，在30℃以内雌雄数差不多。对扬子鳄影响最大的其实不是栖息地的减少，而是人类活动排放大量的碳造成的温室效应，改变了种群内的性别比，才导致它们濒临灭绝。

需要说明的是，在扬子鳄的群体中，雄性为少数，雌性为绝对多数，二者的比例约为1：5。这是一种有趣的自然规律。如果温度过低或过高，则孵化不出扬子鳄来。由于它们的受精卵在孵化期多

处在适宜孵化雌性的气温条件下，所以造成了雌性多于雄性的情况。

独特的捕食方法

扬子鳄在陆地上遇到敌害或猎捕食物时，能纵跳抓捕，抓捕不到时，它那巨大的尾巴还可以猛烈横扫。遗憾的是，扬子鳄虽然长有看似尖锐锋利的牙齿，但却是槽生齿，这种牙齿不能撕咬和咀嚼食物，只能像钳子一样把食物夹住，然后囫囵吞咬下去。所以当扬子鳄捕到较大的陆生动物时，不能把它们咬死，而是把它们拖入水中淹死；相反，当捕到较大的水生动物时，则把它们抛到陆地，使猎物因缺氧而死。在遇到大块食物不能吞咽的时候，扬子鳄往往用大嘴夹着食物在石头或树干上猛烈摔打，直到摔软或摔碎后再张口吞下，如果还不行，则干脆把猎物丢在一旁，任其自然腐烂，等烂到可以吞食了，再吞下去。扬子鳄还有一个特殊的胃，这个胃不仅胃酸多，而且酸度高，因此它的消化功能特别好。

扬子鳄的养殖

扬子鳄的生理特征使其很耐长途运输，途中不需要采取特殊的措施，既不用投饵料，也不用换水，如果天气炎热可适当浇水。可用木箱运输，其中一面安装透气的铁丝网。它们喜欢独居，在人工养殖状况下，密度应适当，一般每亩池塘放50条左右。若是幼鳄，放养数可提高；若是繁殖用鳄，则要降低密度。放养过密，会发生争夺打斗伤鳄事故；放养过稀，则不能有效地利用水体。一般放养后，扬子鳄来到陌生的环境，会显得焦躁不安，到处游动，夜晚则更明显，吃食较少，稍有动静便潜伏于水下。经过1周左右才能适应新的环境。

扬子鳄人工养殖的日常管理工作主要有投饵、巡视、防病、捕捉测

量等。扬子鳄对饵料的要求很低，其食性较广，鱼、肉和动物内脏等均可投喂。还可以在池塘中养殖一些螺、蚌和鱼类，既可利用水体，又可以减少投饵量。尽量不要投喂腐烂变质的饵料，并且切忌品种单一。刚开始投饵时，扬子鳄不习惯到食台上来，且喜好夜间觅食，可在傍晚将食物投喂到食台附近，逐步过渡到食台上。第二天早上检查吃食情况，主要看有无剩余，并做记录。

扬子鳄摄食的时间是5～9月，其中最旺盛的是6～8月，占全年摄食量的80%以上。日投饵量应严格控制，饵料占体重的1%即生长良好。若过度投饵，则会使其肥胖，体内积累大量脂肪块，极易死亡，或者在越冬洞穴中死亡。因为脂肪块在体内压迫生殖腺，同时使其无法正常发育，导致生殖能力下降。过度肥胖的扬子鳄在交配行为中会产生不协调的现象，使拥抱交尾无法正常进行。扬子鳄的生长速度早期较快，特别是在4岁之前，体长和体重都有大幅度增加，以后逐步减慢，体重增加比例高于体长增加比例。

第五章
于桃花季节看桃花水母

桃花水母是一类生活在淡水中的水母，生命周期由无性繁殖和有性繁殖两个阶段组成。它直径约2厘米，伞形身体的边缘有数百根短触手。螅形体高约0.2厘米，无触手，借出芽方式产生水母体。水母体分雌雄，分别产卵和精子。受精后成自由游泳的浮浪幼体，降在物体表面上长成水螅体。

爱表演花样游泳的桃花水母

桃花水母，又称桃花鱼、降落伞鱼，多呈粉色或白色，生长于温带淡水中，其形状如桃花，并多在早春桃花盛开季节出现，因此，我国古代称它们为桃花鱼。

但古人明确指出，桃花水母“非鱼也，生于水，故名之曰鱼；生于桃花开时，故名之曰桃花鱼”。这种正确的认识在几百年前是一个了不起的成就。其通体晶莹透亮，像小伞在水中悠然漂浮，它们无头无尾，呈圆形，柔软如绸，身体周边长满了触角，像飘落水中的桃花在表演花样游泳。

最引人注目的是，它们中间长着五个呈桃花形分布的触角状物体。它们在水中一张一合上下漂荡，悠然自得。它们是一类濒临灭绝、古老而珍稀的腔肠动物，已有至少6亿年的生存历史，是地球上最低等级生物之一。由于其对生存环境有极高的要求，活体又极难制成标本，所以其珍贵度可媲美大熊猫，其中有两种被《中国物种红色名录》列为濒危物种。

优美异常的桃花水母

桃花水母的外貌特征

桃花水母身体仅由两层细胞构成，体内有一腔，为消化吸收食物之处，相当于其他动物的肠。身体可分为三个主要的部分：一是圆形的伞体，通过其一张一合进行游动；二是触手，在游动中用来控制运动方向，上面布满刺细胞用来捕捉及麻痹猎物；三是其他部分，包括生殖器、缘膜、消化系统、平衡囊等。口朝向伞下方，位于一条管子的末端，具4片唇，食物由此吞入，伞

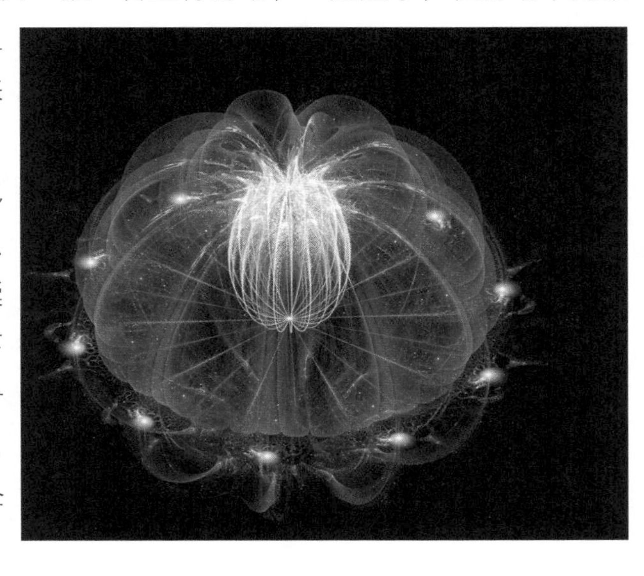

缘有一水平缘膜，此为水螅水母的共同特征。

桃花水母伞缘触手数目为280~444条，沿伞缘分两层排列，按其长度及着生位置分为三级。其中主副触手为一级，共4条，明显长于其他触手，其长度约为伞径的2/5～2/3；位于主副触手之间，并与之在同一层面上着生的其他触手为二级触手，数量为20～29条；在一、二级触手下面环生的触手为三级触手，数量为256～412条。水母在水中下沉时，触手伸展且向上，呈长线状；上升或向某一方向运动时，触手远端逆方向运动弯曲。

透过清澈见底的水面，成千上万个硬币般大小、神秘精灵般的桃花水母在水中一张一合，翩翩起舞；当一缕晨光洒向水面时，水母便浮到水面享受阳光；当一阵秋风掠过时，小精灵们又慢条斯理

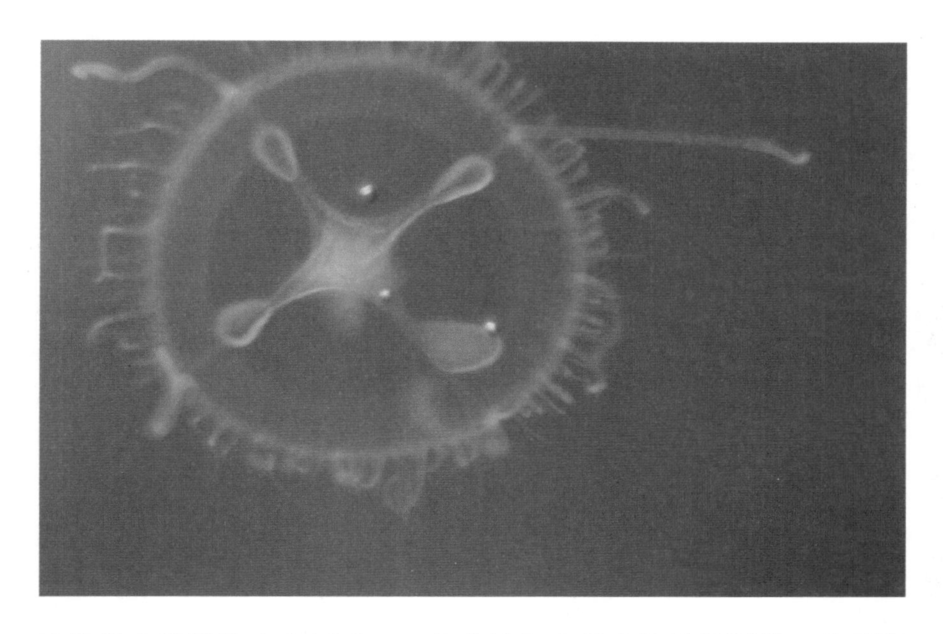

地潜伏在碧绿的水草周围。一朵朵桃花水母安静地悬浮着，仿佛飘落在水中的瓣瓣桃花。它们在水中张缩漂荡，就像空中缓缓升降的降落伞，在清澈见底的水潭中显得异常优美。

桃花水母的生长繁殖习性

桃花水母通体透明，在水中游动时姿态非常优美。它的伞体不停地收缩与舒张，将下伞腔内的水压出体外，借此朝相反的方向缓慢游动。当遇到食物时，触手上的刺丝囊即射出刺丝，刺中被捕获物，顷刻令其中毒身亡，以触手将其送入口中，吞入胃内。桃花水母多以剑水蚤、小线虫、小环虫、小蝌蚪、小鱼苗等为食。

人们在早春看到的桃花水母，为成熟的水母体，有雌雄之分。

以前认为雌雄桃花水母在外形上不能区分。经观察，触手细长，伸向上方的均为雌性，而触手短粗，垂向下方的则为雄性。雌雄将卵子和精子排到水中，卵受精发育成一个微小的满被纤毛的浮游幼虫，幼虫一端接触石块等外物后固着，发育成一个极小的树枝状的水螅体。水螅体可度过酷热的夏季和严寒的冬季，待来年春天，以出芽生殖产生水母体。水母体成熟后，再进行有性生殖。1993年在湖北省秭归县发现的水螅体长只有0.3毫米，2002年在人工养殖条件下，又发现了水螅体。水母体进行有性生殖产生水螅体，水螅体进行无性生殖产生水母体，这在动物学上称为世代交替。这可以解释桃花水母为何突然出现，经数日或十数日后又悄悄地消失的现象。

桃花水母的生活环境

水螅体对环境要求极低，而一旦分离出水母则对环境和水质要求很高。生长最佳环境是无污染、人为痕迹少的弱酸性水质（如专家和振武在江苏省无锡市翠湖发现桃花水母时，测出湖水pH值为6.4），水温不得高于35℃。若水质受污染，它们有可能在数日之间灭绝。环境适应时，螅状体便自然分离出水母；环境不利时，螅状体便长期吸附于水下或岩石缝中世代生存下去。

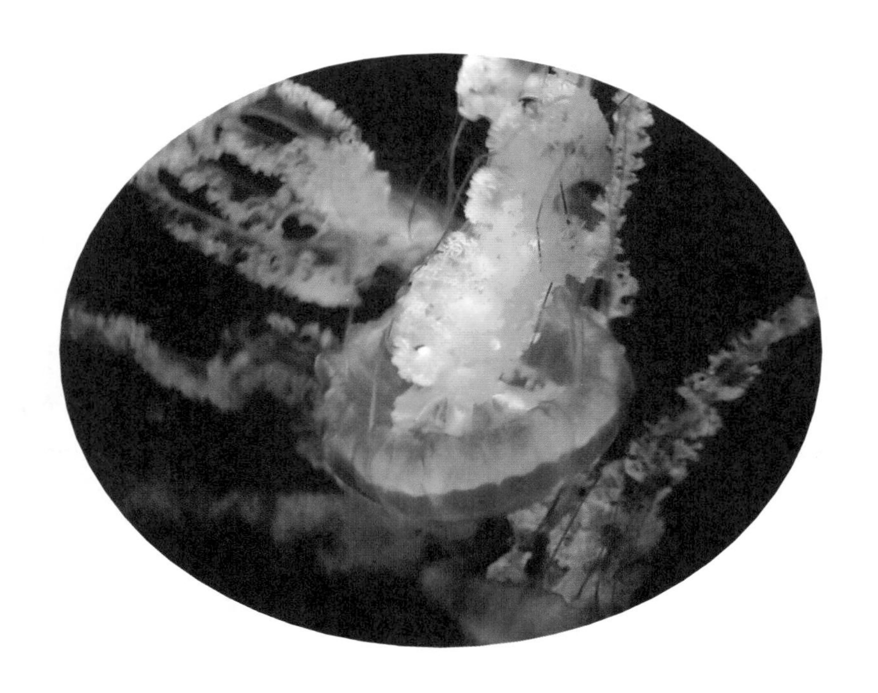

极濒危物种桃花水母

湖北省秭归县的人们视桃花水母为吉祥物，并把它与屈原、王昭君一起作为家乡的骄傲。每年桃花盛开时节，江边桃花水母像飘落的一簇簇桃花瓣，淡红的、洁白的、乳白的、棕紫色的……身体分成四瓣，好像一只只彩色的降落伞，又好似一块块漂亮的小手帕，

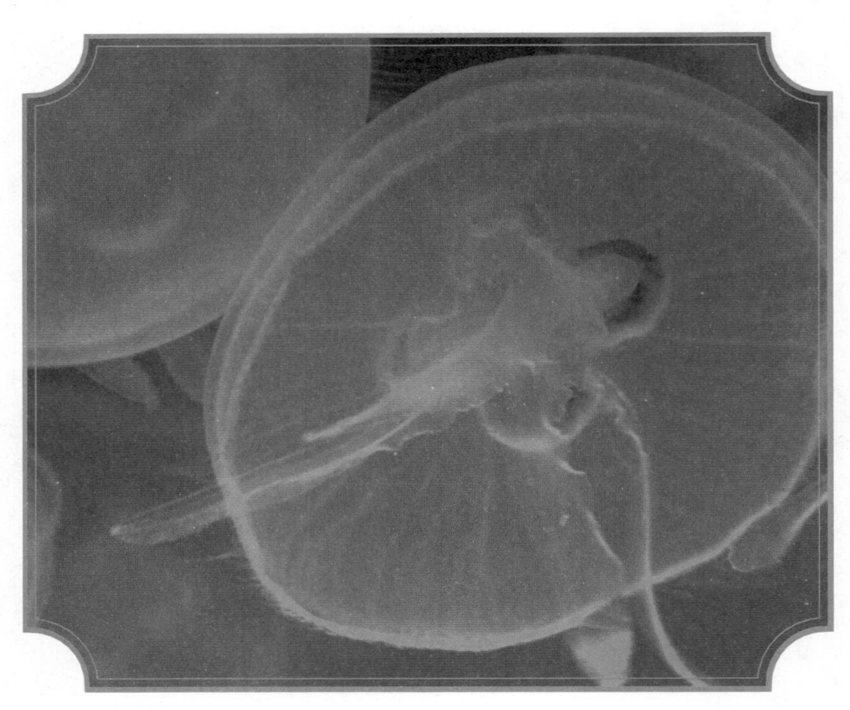

缓缓地一张一合，悠然地上下漂荡，与长江两岸绽放的千万朵桃花相辉映，与碧水中五彩斑斓的鹅卵石相映衬，美妙无以言表。

奇特的物种

1826年《忠州直隶州志》记载："桃花鱼淡墨色，形如桃花，桃花开放时，出皇华城折尾滩积水中。"1837年《归州志》记载："桃花鱼出吒溪河，桃花开时始见，有红、白二种，花落后即无。"1921年《湖北通志》记载，桃花水母"以桃花为生死，桃花既尽，则是物无有矣"。从以上记载得知，古人之所以叫它桃花水母，是因为它不仅形似桃花、艳如桃花，而且还与桃花开谢同步。

桃花水母真的是“鱼”吗？答案是否定的，如同鳄鱼和鲸鱼都不是鱼一样。从生物进化史角度看，现有生物都是从简单到复杂、从低级到高级、从水生到陆生逐渐进化而来的。动物学家首先把动物分为无脊椎动物和脊椎动物两大类。无脊椎动物较低级，按照从简单到复杂排列的顺序，包括单细胞原生动物、腔肠动物、扁形动物、线形动物、环节动物、软体动物、节肢动物和棘皮动物；脊椎动物的特点是体内有一条由脊椎骨构成的脊椎，由低等到高等分为鱼类、两栖类、爬行类、鸟类和哺乳类。桃花水母属无脊椎低等多细胞腔肠动物，身体构造仅比原生动物复杂。体内有一条原始消化道——腔肠，其前端为口，可摄取食物，但未消化完的食物残渣，仍由口排出，所以它的口既是嘴巴又是肛门。由此可见其等级之低，与有脊椎的鱼相差甚远，而其资历之老，又远远超过鱼类。腔肠动

物因其体形有筒状和伞状之别，又分为水螅（筒状）和水母（伞状）两大类。水母一般形体较大，大多生活于海洋中（如海蜇），仅有少数生活在淡水中，且形体较小，桃花水母属后者，其正确名称应是桃花水母。

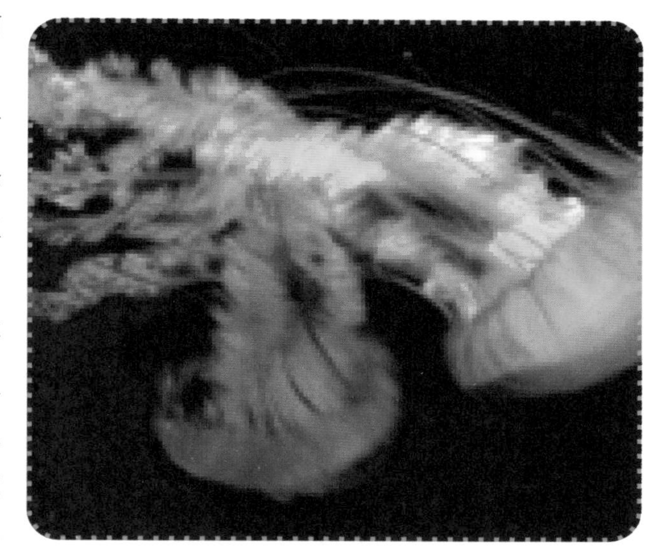

人类研究桃花水母的生活习性，掌握其繁殖技术，为自然界保存一个物种基因库，在发展生物工程、基因工程、水生物学、水环境生态学以及开发利用旅游资源等方面都具有十分重要的意义。

美丽的传说

在湖北省秭归县，可以说桃花鱼是家喻户晓，并流传着这样一个美丽动人的传说。汉王昭君为了汉胡和好，远嫁塞外。昭君出塞和亲前返回故乡探亲，怀抱琵琶，坐在叱溪河的小舟上，深情地弹了一曲琵琶行。想到她的遭遇，她不禁黯然泪下，晶莹的泪珠滴入河水中，顿时化作体态透明的桃花鱼。

古老的历史

地球已有50亿年历史，水母这类低等多细胞动物比大熊猫、白鳍豚资历更老，约出现于15亿年前。那时陆地尚无生物，水域中就数它们先进、强大。

历史上桃花水母曾广泛分布于世界各地。据记载，在欧洲、亚洲、美洲、大洋洲的温带地区都有桃花水母，但随着工业文明带来的环境污染而绝迹。在我国，桃花水母分布也很广。从发现地点看，长江流域与南方各省及香港、台湾等地都有报道。淮河流域的河南信阳在1961年曾发现桃花水母，后因修建水库而消失。目前，在全球范围内，桃花水母仅存在于三峡库区的湖北省秭归县境内。

桃花水母在我国分布虽广，记载也多，但经生物学家研究报道正式定名者却较少。从1880年6月英国伦敦皇家植物园种植的王莲水槽中发现小型水母，经研究定名为“索氏桃花水母”之后，世界各地才陆续有生物学家对淡水水母进行研究报道。据统计：自1880~1984年这100多年间，世界各地由学者

发现的淡水水母仅有75次，1922年在日本伊势县发现的水母，经研究后定名为“伊势桃花水母”；1939年2月武汉大学教授高尚荫、公立华在四川嘉定大渡河边一水池中发现了几只直径

约为18毫米的桃花水母，经研究后定名为“中华桃花水母”；1984年河南师范大学教授和振武与云南大学教授寇治通合作，定名了“四川桃花水母”；紧接着，和振武、许人和夫妇又定名了“秭归桃花水母”。至此，全世界范围内，已报道的桃花水母仅有5个种类。

有关“秭归桃花水母”的学术论文正式发表后，美国、日本、意大利、西班牙的生物学家纷纷写信给和振武，要求前来秭归县参观考察。英国皇家科学院已将“秭归桃花水母”作为新种注册登记。1988年4月在法国巴黎举行的国际水螅生物学会会议上，和振武宣读了关于“秭归桃花水母”的学术论文。从此，秭归桃花水母登上了世界科学殿堂。

生死之谜

人们往往只在桃花盛开的时节才能领略到桃花水母的倩影，它的“以桃花为生死”之说，给其罩上了一层神秘的面纱。想解开这

个谜的人实属不少，谈何容易。

桃花水母的产生并非民间所传说的昭君涕泪所化。据中国科学院动物研究所黄明显所著的《桃花水母》一文介绍，1924年，美国人潘恩在北美印第安纳州波斯湖对桃花水母进行了专门研究，发现桃花水母生活史中有世代交替现象。当时中国及其他国家尚无人从事此项研究工作。20世纪60年代，四川大学生物系教授马德、钟远辉曾在校内建水母池从事这项研究。“文化大革命”期间，马德蒙冤自杀，水母池被填平，研究工作中断。

1985~1988年，湖北省秭归县一中生物教师黄达茂一是发现了3种形态结构异于秭归桃花水母的新类型；二是发现了桃花水母的色彩与吞食不同颜色的食物积累其色素有关；三是发现了桃花水母的死亡之谜——被它的天敌寄生致死并食尸灭迹；四是发现了桃花水母的繁殖是有性繁殖和无性繁殖交替进行的；五是发现了桃花鱼并不是“以桃花为生死”。

一般人认为，桃花水母只在桃花开时才出现，桃花谢了就没有了，其实不然，水下一年四季都有桃花水母。因为夏天阳光强烈，水面温度较高，又有洪水的冲击，而冬天水面温度较低，没有它们所需要的浮游生物，所以它们就在水下和石头缝里觅食，只有春暖花开时节，桃花水母才浮到水面上来。发现这一秘密后，湖北省秭归县一中教师黄达茂特制了一个深入水底捕捞桃花水母的网勺——

这就是他家为何常有桃花水母的缘故。

众人情牵桃花水母

2003年6月，随着三峡大坝第二期工程的结束，秭归县境内原适宜桃花水母生存的水域水位被抬高，泥沙淤积，严重破坏了桃花水母生生不息的这片圣地。桃花水母的命运引起了人们的普遍关注。许多有识之士先后向各级政府和社会各界发出呼吁，秭归县民间自发组织召开了全国首届桃花水母保护研讨会，有关专家建议在古归州长江附近再选择一处合适地带，建一个与长江相通的人工水池，用缆车提取长江水，经过反应沉淀后，还原桃花水母的生存环境。

县政府迅速作出反应，编制了《桃花水母异地放养工程建设书》。但据了解，这一设想尚存3个问题无法解决：一是工程建设上存在技术上的困难，二是缺乏对桃花水母研究的专门机构和专门人员，三是资金上的困难。据测算，如果按照此设想来保护桃花水母，整个工程将耗资465万元，这对于本属国家级贫困县的秭归县来说是无力办到的。

能不能通过人工繁殖延续桃花水母的生命呢？早在1992年7月，黄达茂经过8年多时间的研究，在家中阳台的小水池中繁育出了芥菜籽般大小的桃花水母，但这些桃花水母只活了一个多月。在这个过程中，他拍到了一组显微照片，展示了从有性世代之雌雄水母产生卵细胞，与精子结合的受精卵通过发育，逐步成为无性世代的螅状的过程。

黄达茂说，秭归桃花水母对当地的生存环境十分依赖，异地人工繁殖、放养均很困难。因为它们对水质要求很高，在别的水池中无法避开天敌的袭击，存活率几乎为零。

中国科学院院士、中国动物学会理事长宋大祥，河南师范大学教授和振武在专程赴秭归县考察桃花水母的生存现状后，联名向国务院相关部门呼吁挽救桃花水母。他们说，在2003年3月召开的我国物种红色名录研讨会上，桃花水母被列为濒危物种的最高级——极危物种，已引起国内外学术界的高度重视。假如其灭绝，既是我国物种多样性的重大损失，也是我国古时记载桃花水母这一文化资源的永久损失，如果只在国际自然保护联盟的保护动物名录中留下记载，那将成为一个永久的遗憾。

直到目前，桃花水母的人工繁殖仍是横亘在国内外生物学家面前的一道难题，迫切需要有关部门拿出切实可行的抢救性方案，给桃花水母找到一个安全、幸福的新家，使这个三峡库区最古老的“居民”生命延续，世代相传。

第六章
可可西里的骄傲：藏羚羊

藏羚羊生活在中国青藏高原（西藏、青海、新疆），有少量分布在印度拉达克地区。它被称为“可可西里的骄傲”，是我国特有的物种，群居。藏羚羊背部呈红褐色，腹部为浅褐色或灰白色。成年雄性脸部呈黑色，腿上有黑色标记，头上长有竖琴状的角用于御敌，雌性则无角。其底绒非常柔软。

从外形特征认识藏羚羊

藏羚羊，背部呈红褐色，腹部为浅褐色或灰白色。形体健壮，头形宽长，吻部粗壮。鼻部宽阔略隆起，尾短而尖，四肢强健而匀称；全身除脸颊、四肢下部以及尾外，其余各处皮毛丰厚绒密，通体淡褐色。成年雄性脸部呈黑色，腿上有黑色标记，头上长有竖琴状的角用于御敌，雌性则无角。藏羚羊的底绒非常柔软。成年雌性身高约75厘米，体重25～30千克。雄性身高80～85

厘米，体重35～40千克。

特殊性：每个鼻孔内都有一个小囊，其作用是为了帮助藏羚羊在空气稀薄的高原上进行呼吸。

角长：成年雄性角长笔直，乌黑发亮，角尖微内弯，长50～60厘米。

寿命：雄性一般不超过8岁，雌性一般不超过12岁。人工饲养可达10余岁。

珍贵的藏羚羊

生活习性

藏羚羊不同于大熊猫，它们是一种绝对的优势动物。只要你看到它们成群结队在雪后初霁的地平线上涌出，精灵一般的身材，优

美如飞翔一样的跑姿，你就会相信，它们能够在这片土地上生存数百万年，是因为它们就是属于这里的。和大熊猫不一样，它们绝不是一种自身濒临灭绝、适应能力差的动物，只要人类不去干扰它们，不用猎枪和子弹对准它们，它们就能活得非常好。

藏羚羊生活在青藏高原88万平方千米的广袤地域内，它们主要分布在海拔3200~5500米的高原荒漠、冰原冻土地带及湖泊沼泽周围，以及藏北羌塘、青海可可西里、新疆阿尔金山一带令人望而生畏的“生命禁区”，尤其喜欢在有水源的草滩上活动。

尽管这些地方都是“不毛之地”，植被稀疏，只能生长针茅草、苔藓、地衣之类的低等植物，但它们却是藏羚羊赖以生存的美味佳肴。这里虽然有众多湖泊，但绝大部分是咸水湖。藏羚羊成为偶蹄类动物中的佼佼者，不仅体形优美、性格刚强、动作敏捷，而且耐高寒、抗缺氧。在自然条件十分险恶的地方，时时闪现着藏羚羊鲜

活的生命色彩、腾越的矫健身姿，它们是生命力极其顽强的生灵！它们生性怯懦机警，听觉和视觉发达，常出没在人迹罕至的地方，通常状态下人们极难接近。

藏羚羊的活动习惯很复杂，其中一些会长期居住一地，还有一些有长距离迁徙的习惯。雌性和雄性活动模式不同。成年雌性和它们的雌性后代每年从冬季交配地到夏季产羔地迁徙行程达300千米。年轻的雄性会离开群落，同其他年轻或成年的雄性聚到一起，直至最终形成一个混合的群落。

藏羚羊生存的地区东西相跨1600千米，季节性迁徙是它们重要的生态特征。雌性在夏季沿固定路线向北迁徙是全球最为恢弘的三种有蹄类动物大迁徙之一。因为雌性的产羔地主要在乌兰乌拉湖、卓乃湖、可可西里湖、太阳湖等地。每年4月底，雌、雄开始分群而居，未满1岁的雄仔也会和母藏羚羊分开，到五六月，母藏羚羊与它的雌仔迁徙前往产羔地产子，然后再率幼

仔原路返回越冬地与雄性合群，完成一次迁徙过程。

藏羚羊主要以禾本科和莎草科植物为食。发情期为冬末春初，雄性间有激烈的争雌现象，集成十几到上千只不等的种群，早晚觅食，善于奔跑，最高时速可达110千米。

藏羚羊生活区域的植物均为高原草本植物，而且这里气温较低，许多地方常年被积雪覆盖期超过6个月。在青藏高原独特恶劣的自然环境中，为寻觅足够的食物和抵御严寒，经过长期适应，藏羚羊形成了集群迁徙的习性，并且身体上生长有一层保暖性特别好的绒毛。虽然藏羚羊在每年夏季自然更换一次绒毛，但由于自然更换的绒毛是零星掉落、随风飘散。目前还无人尝试收集这些自然更换的绒毛。

生长繁殖

藏羚羊群的构成与数量根据性别和时期不同会有所变化。雌性在1.5~2.5岁达到性成熟，经过7～8个月的怀孕期后一般在2～3岁产下第一胎。幼仔在6月中下旬或7月末出生，每胎1仔。交配期一般在11~12月，雄性一般需要保护10～20只雌性。

藏羚羊的近亲：非洲羚羊

生活在非洲东部草原上的羚羊不论雄雌，头部都有犄角，但它们的形状和大小却截然不同：雄性的犄角又粗又长，非常引人注目；而雌性的犄角直直的，又细又短，远不如雄性的显眼。长期以来，动物学家们一直认为，雄性的犄角坚强有力，在羚羊群遇到狮子、猎豹等肉食性动物围攻时，它们肯定是冲锋在前、奋勇抵抗的羊群

保护者。然而，事实并非如此。

一位专门研究东部非洲羚羊生态的科学家，花了10多年时间，观察和研究了几百次羚羊与肉食性动物搏斗的场面。结果表明，在自卫战中，雌性不仅远比雄性勇敢，而且动作也更机灵。它们那其貌不扬的短角，刺伤对手的命中率要比雄性高得多。雌性才是羚羊群真正的保护者。

这位动物学家认为，雌性犄角细而短，搏斗起来灵活有力，有利于反击来犯者。而雄性的犄角对于交配季节它们之间的争斗是十分有利的。每年繁殖季节，雄性为了争夺配偶，常常用犄角相撞，发生激烈的争斗。这时，粗而长的犄角显然可以占不少便宜。然而遇到凶猛的肉食性动物时，雄性的犄角就显得十分笨重，与雌性的犄角相比，便只能甘拜下风了。

保护藏羚羊的栖息地

经过千万年自然演变，藏羚羊与冰雪为伴，以严寒为友，自由自在地生息在世界屋脊之上。然而，由于一些所谓贵族对用被称为“羊绒之王”的藏羚羊羊绒织成的披肩“沙图什”的需求，藏羚羊的栖息地正在变成一座屠宰场，每年有数以万计的藏羚羊被非法偷猎者捕杀，这是藏羚数量在20年内飞速减少的原因。1995年全世界的藏羚羊只剩下7.5万只。如果以每年平均有2万只被猎杀推算，没有近年环

保人士和政府对它们的高效保护，它们恐怕进入不了21世纪就面临着因偷猎而绝种的境地。

历史上藏族人对藏羚羊的猎杀都是迫于生计。今天，藏羚羊面临的最大威胁是为获得其底绒的大规模盗猎行为。

“沙图什”是世界公认的最精美最柔软的披肩。一条披肩是以数只鲜活的藏羚羊的生命为代价而织成的。藏羚羊羊绒从西藏走私到印度寨模或克什米尔，在那里可以合法地使用藏羚羊羊绒织成的披肩，但出口贸易仍然是非法的。

尽管印度历史上有使用“沙图什”做嫁妆的风俗，但西方时尚界对“沙图什”的追求是直接导致20世纪80年代末至90年代初盗猎大幅度上升的原因。在1970~2000年，每年估计有2万只藏羚羊因为“沙图什”的原因被猎杀。藏羚羊羊角在传统医药市场也有销售。

巡逻人员因资金不足很难在藏羚羊出没的广阔地域进行巡逻。为了保护藏羚羊，西方时尚界应该停止购买“沙图什”，没有需求，藏羚羊盗猎才会停止。另外，多个组织团体保护藏羚羊和其栖息地的建议应该被实施。

其他威胁也包括人类和饲养的家畜对藏羚羊的侵犯。人类活动对藏羚羊迁徙和活动的干扰，以及对藏羚羊栖息地的侵占也是致使藏羚羊濒危的原因之一，但栖息地减少的原因在藏羚羊濒危的重要因素中只占3%，藏羚羊97%的威胁还是来自人类的捕杀。

第七章

鼻子上长角的犀牛

犀牛是哺乳类犀科的总称，主要分布于非洲和东南亚，是最大的奇蹄目动物，也是体形大小仅次于大象的陆生动物。所有的犀类基本上都是腿短、体粗壮。体肥笨拙，皮厚粗糙，并于肩腰等处呈褶皱排列；毛稀少而硬，甚或大部无毛；耳呈卵圆形，头大而长，颈短粗，长唇延长伸出；鼻子上长有实心的独角或双角（有的雌性无角），角脱落仍能复生；无犬齿；尾细短；身体呈黄褐色、褐色、黑色或灰色。

爱吃草的犀牛

生活习性

犀牛是草食性动物。尽管白犀牛和黑犀牛都以非洲大草原的牧草为食，但它们的饮食方法却大相径庭。白犀牛的上唇很宽，可以吃矮小的草；黑犀牛的唇比较突出，能采集嫩枝，再用前臼齿咬断。

正是由于这两种犀牛的饮食方法有区别，它们才可以共同生活在非洲大草原上。

印度犀牛除了以草为主食之外，还吃一些水果、树叶、树枝和稻米。爪哇犀牛吃小树苗、矮灌木和水果。苏门答腊犀牛主要在晚间进食，它们吃藤条、嫩枝和水果。

人工饲养的犀牛还吃面条、蜂蜜、燕麦、甜饼、馒头、骨头、花卷等。

生长繁殖

母犀牛孕期长达18个月，每4~5年才生一只小犀牛，小犀牛体重45千克，要跟随妈妈生活3年才能独立。

犀牛利用声音来交流。它们用鼻子哼、咆哮、怒吼，打架时还会发出呼噜声和尖叫声。雄性和雌性在求偶时都会吹口哨。它们的眼睛很小而且近视，但却有敏锐的听觉和嗅觉。

带来灾祸的犀牛角

犀牛的现状

世界上一共有5种犀牛，非洲有2种，其中黑犀牛分布于非洲各地，白犀牛只分布在非洲南部津巴布韦等国。亚洲有3种，2/3的亚洲犀牛都处于灭绝的边缘。但是非洲南部的犀牛面临的威胁

更加严重。

早在20世纪60年代，非洲有10万头黑犀牛，但90年代已经锐减至2400头。现在黑犀牛的数量较20世纪90年代已经翻了一番，虽仍然不多，但至少在慢慢增加。

非洲白犀牛的数量快速增加是一个非常成功的动物保护案例。100年前，大概只有50头白犀牛，由于当地政府成功的野外保护，把它们转移到了更为安全的区域，野生保护区也在不断扩大，现在白犀牛的数量已经达到2万头。

犀牛角的灾祸

最近几年，非洲犀牛的繁殖形势不容乐观，曾经被严格限制的

非法狩猎随处可见。根据世界野生动物协会的数据，从2000～2007年，在南非只有十几头犀牛被非法屠杀，而南非的犀牛占全世界犀牛数量的90％左右。但2010年，南非大约有330头犀牛被非法屠杀，它们的犀牛角都被割掉了。

如今已经不再是少数非法狩猎者捕杀迷路的犀牛的特例了，相反，有的执法人员认为，国际犯罪组织正在把它打造成一个产业。事实上，如果把犀牛角运到目的地的话，1千克犀牛角能卖上万美元。

越南是犀牛角交易的主要市场。几年前，传言服用犀牛角磨成的粉末能治好癌症。犀牛角并非亚洲传统医药中的药材，然而能治癌症的传言让越南人尤其是其中的有钱人热衷于获取犀牛角。

亚洲犯罪团伙的捕杀离不开私人农场主的帮助。南非法庭曾起诉2名私人农场主、2名兽医和1名专业的捕猎手，还有其他6个人。他们被指控非法经营犀牛角贸易，从南非非法购买犀牛并秘密屠宰以获取犀牛角。这一起诉非常具有里程碑意义。

犯罪分子付出这么大的代价，冒这么大的风险值得吗？犀牛角真的能治愈癌症吗？伦敦一家生物制药公司和动物协会的研究表明，犀牛角就像指甲一样，没有任何药用价值。它由凝聚毛组成，并包含类似角蛋白的蛋白质。生物学家们认为，犀牛角以每年大约10厘米的速度生长。

在世界上很多地方，从野生动物身上获取它们身体的某个部位是被禁止的。只要人类还在猎杀犀牛以获取犀牛角，非洲丛林里就会有更多的犀牛死去。非洲一些著名的野生动物专家认为，提倡犀牛养殖是唯一能有效减少非法狩猎的方法。

黑犀牛的灭绝

2011年11月10日，非洲西部的黑犀牛正式宣告灭绝，该消息由国际自然保护联盟宣布。他们同时表示，犀牛的另外两个亚种也将面临同样的命运。据分析，中非北部的野生白犀牛可能已经灭绝了。

仍在逐渐减少的犀牛家族的幸

存者，目前存活于印度尼西亚的爪哇岛。

国际自然保护联盟在公告中宣布，1/4的哺乳类动物面临灭顶之灾，这些动物都不幸地在“最新濒危动物列表”中“上榜”。

同时，国际自然保护联盟补充道，非洲南部白犀牛幸运地因为得力的保护项目而从灭绝的边缘被拉了回来。

“人类是地球的总干事，我们有责任保护物种，并和其他动物一起分享自然环境。”国际自然保护联盟物种保护委员会主席说道。

“从非洲西部黑犀牛和南部白犀牛的案例中，我们可以看出，假如我们建议的保护措施真的得到贯彻，结果将完全不同。”他补充道：“这些措施必须加强，尤其是管理好幸存者，提高它们的繁殖力，以确保幸存的犀牛免遭灭绝。”

世界自然基金会环境运动组织宣告，2010年被杀的那只爪哇犀牛可能是越南境内最后的一只。实际上也意味着这个物种几乎全部灭绝。

从2009~2010年，通过对取自越南国家公园的22个粪便样本的基因分析，证实了最后一只越南野生爪哇犀牛是被子弹射中腿部而死，而它的角于2010年4月被取走。

如果人类再不采取紧急的保护干预措施，犀牛的灭绝之日也许真的并不遥远。

第八章
最大陆生肉食性动物：北极熊

北极熊是世界上最大的陆生肉食性动物，又名白熊。按动物学分类属哺乳纲，熊科。雄性身长240～260厘米，体重400～750千克。雌性体形比雄性小，身长190～210厘米，体重200～300千克。在冬季睡眠时刻到来之前，由于脂肪大量积累，它们的体重可达1000千克。北极熊的视力和听力与人类相当，但嗅觉极为灵敏，是犬类的7倍，奔跑时时速可达60千米，是人类世界百米冠军的1.5倍。

北极的象征——北极熊

北极熊既是北极最有代表性的动物，又是北极的象征，是目前世界上最大的熊科动物。人们曾经在科迪亚克岛发现了重达1134千克的科迪亚克棕熊。北极熊只是棕熊的一个亚种，不属于独立的物种，所以北极熊是现存最大的陆生哺乳类肉食性动物。

北极熊的祖先是爱尔兰棕熊，在大约2万年前的晚更新世与棕熊分化。北极熊头部相对棕熊来说较长，脸小，耳小而圆，颈细长，

足宽大，肢掌多毛，皮肤呈白色，是当今世界上顶级肉食性动物之一。

有确凿证据证明，目前发现最大的北极熊是雄性，1960年被射杀于美国阿拉斯加西北部。它站起来高3.9米，体长330厘米，肩高180厘米，体重1002千克。

爱吃肉的北极熊

北极熊在熊科动物家族中属于真正的肉食性动物，它们98.5%的食物都是肉类。它们主要捕食海豹，特别是环斑海豹，还捕食髯海豹、鞍纹海豹、冠海豹。除此之外，它们也捕捉海象、白鲸、海鸟、鱼类和小型哺乳动物，有时也会吃腐肉。北极熊是唯一主动攻击人类的熊，而且攻击大多发生在夜间。和其他熊科动物不一样的是，

它们不会把没吃完的食物藏起来等以后再吃（这倒是大大方便了别的动物，比如懒惰的同类或者北极狐），而是享用完脂肪之后就扬长而去。要知道对它们而言，高热量的脂肪比肉更为重要，因为它们需要维持保暖用的脂肪层，还需要为食物短缺的时候储存能量。北极熊也不是一点素食不沾，在夏季它们偶尔也会吃点浆果或者植物的根茎。在春夏之交，它们会到海边取食海草补充身体所需的矿物质和维生素。

北极熊是非常出色的游泳健将，以至于曾被人认为是海洋动物。一生中大部分时间，北极熊都处于静止状态，如睡觉、躺着休息，或者是守候猎物。剩下的绝大部分时间是在陆地和冰层上行走或游泳，极少的时间用于袭击猎物并享受美味。北极熊一般有两种捕猎模式，最常用的是守株待兔法。它们会事先在冰面上找到海豹的呼吸孔，然后极富耐心地在旁边等候几个小时。等到海豹一露头，它们就会发动突然袭击，并用尖利的爪钩将海豹从呼吸孔中拖上来。

如果海豹在岸上，它们也会躲在海豹视线看不到的地方，然后蹑手蹑脚地爬过来发起猛攻。另外一种模式就是直接潜入冰面下，直到靠近岸上的海豹才发动进攻，这样的优点是直接截断了海豹的退路。吃饱喝足后，北极熊会细心地清理毛发，把食物的残渣和血迹都清除干净。

有时候北极熊辛苦捕到的猎物会引来同类的窥伺，一般来说，如果不幸面对那些体形庞大的家伙，个头小些的北极熊会更倾向于溜之大吉，不过一个正在哺育期的母亲为了保护幼仔，或是捍卫一家来之不易的口粮，有时也会同前来冒犯的北极熊拼一拼。

北极熊的冬眠与夏眠

一般来说，北极熊在每年的3~5月非常活跃，为了觅食辗转奔波于浮冰区，过着水陆两栖的生活。在严冬，北极熊外出活动的时间大大减少，几乎可以长时间不吃东西，此时它们寻找避风的地方席地而睡，呼吸频率降低，进入局部冬眠。所谓局部冬眠，一方面是指它们并非如蛇等动物的冬眠，而是似睡非睡，一旦遇到紧急情况便可立即惊醒，应付变故。另一方面，北极熊只是在较长的一段时间而不是整个冬季都不吃不喝。近数十年来科学家们曾提出，北极熊可能也有局部夏眠，即在夏季浮冰最少的时期，北极熊很难觅食，可能也会处于局部夏眠状态。根据之一是加拿大的北极熊专家曾于秋季在哈得孙湾抓到几头熊掌上长满长毛的北极熊。专家推测它们在夏季几乎没有觅食活动，否则熊掌上不会长满长毛。

嗅觉灵敏的北极熊

灵敏的嗅觉是北极熊善于寻找猎物的武器。据说北极熊可以闻到3千米以外燃烧动物脂肪散发出的味道。一年春天，格陵兰岛上的爱斯基摩人捕到了许多鲸，并把鲸的内脏埋在地下。这年秋天海上结冰了，有一天，成群结队的北极熊向爱斯基摩人聚居的村庄奔来。为了保卫村庄，村民们用鞭炮声驱赶它们，用直升飞机的轰鸣声威胁它们，但都毫无效果，因为北极熊太多了。村民们没有办法，只有祈求神灵保佑平安，当他们看到北极熊把埋在地下的鲸的内脏挖出来分享后，才恍然大悟，原来它们是被埋在地下的鲸的内脏的气味吸引来的。

用打斗的方式表达爱意

北极熊和其他熊科动物一样，平常过着单身生活，只有在每年3~6月这段恋爱季节才会和异性小聚片刻。不过北极熊的婚恋方式是比较暴力的，雄性不仅要为争夺配偶而相互斗殴，即便面对心仪的雌性，它们也要通过激烈的打斗来向雌性表达爱意。

北极熊是比较好斗的家伙，随着恋爱季节的到来，斗殴事件往往频繁发生，例如雄性之间会为了争夺雌熊而冲突不断，而那些带着幼仔的雌北极熊则不得不随时应对雄性可能的袭击。不过打架毕竟容易给双方都造成不必要的肉体伤害，所以在平常，如果能通过恐吓就避免流血冲突，这恐怕对双方都再好不过。北极熊的恐吓方式和其他熊科动物一样，它们会用后腿站立，展现自己高大伟岸的身

躯，然后龇牙咧嘴，露出自己尖利的犬齿，看看对方是否有胆量过来挑战一下，而这种方法在平常通常都能奏效。

由于北极熊有延迟着床现象，这使怀有身孕的雌性孕期长达195～265天。从当年的11月底至翌年1月前后，通常会有2头宝宝降生在母亲“冬眠”的窝里（也有1～4个幼仔的），并会和雌熊一起在窝里待到春季的到来。幼仔们刚降生的时候体重只有600～700克，眼睛还没有睁开，不过全身已经覆盖着柔软的毛发。由于有营养丰富的母乳滋补，它们在雌熊的洞里快速成长，到了春季和雌熊一起出窝的时候就已经有10～15公斤了。

幼仔们和雌熊一起生活2～3年后才会独立。独立后的年轻北极熊5～6岁达到性成熟，而其中雄性要到9～10岁才会长到骇人的成年体形。

在野外生活的北极熊寿命为25～40年，圈养条件下会活得更长，已知最长寿的北极熊是雌性，它在2008年死时已经活到了42岁。